SCHÄFFER
POESCHEL

Hans-Jörg Bullinger/Stefan Klebert (Hrsg.)

Outsourcing in Deutschland

Rahmenbedingungen, Konzepte und Best Practices

2007
Schäffer-Poeschel Verlag Stuttgart

Bibliografische Information der Deutschen Nationalbibliothek
Die Deutsche Nationalbibliothek verzeichnet diese Publikation in der Deutschen Nationalbibliografie; detaillierte bibliografische Daten sind im Internet über <http://dnb.d-nb.de> abrufbar.

Gedruckt auf chlorfrei gebleichtem, säurefreiem und alterungsbeständigem Papier

ISBN: 978-3-7910-2630-5

www.schaeffer-poeschel.de
info@schaeffer-poeschel.de

Konzept und Gesamtredaktion: Ulrike Grönefeld
Lektorat: Claudia Brandt, Berlin
Einbandgestaltung: Willy Löffelhardt
Satz: Johanna Boy, Brennberg
Druck und Bindung: Kösel GmbH, Krugzell · www.koeselbuch.de
Printed in Germany
September 2007

Schäffer-Poeschel Verlag Stuttgart
Ein Tochterunternehmen der Verlagsgruppe Handelsblatt

Vorwort

Nach wie vor ist Deutschland in vielen Bereichen der traditionellen Industrie hervorragend aufgestellt und verfügt über eine exzellente Infrastruktur. Vorteile, die wir nutzen sollten. So sehr wir aufholen müssen in der Entwicklung der Dienstleistungsgesellschaft, Deutschland muss auch Produktionsstandort bleiben. Nicht nur unter wirtschaftlichen Gesichtspunkten, sondern vor allem auch aus einer gesellschaftlichen Verpflichtung heraus, müssen die Möglichkeiten zur produzierenden Arbeit erhalten bleiben. Auch wenn sich die Anteile weiter in Richtung Dienstleistungsgesellschaft verschieben werden und auch in Deutschland in wenigen Jahren kaum mehr als zwanzig Prozent der Beschäftigten in der produzierenden Wirtschaft tätig sein werden, ist der Stellenwert der Produktion für die Volkswirtschaft Deutschland erheblich höher als dieser Anteil ausdrückt. Der soziale Frieden einer Gesellschaft wird nur dann auf Dauer gewährleistet sein, wenn die Qualifikationen aller Bevölkerungsschichten im Arbeitsleben nachgefragt und eingesetzt werden können.

Wesentlicher Motor für Wachstum sind innovative Produkte und Dienstleistungen. Von ihnen gehen besondere beschäftigungspolitische Impulse mit positiven Effekten für die gesamtwirtschaftliche Entwicklung aus. Wenn wir den Produktions- und Dienstleistungsstandort Deutschland mittel- und langfristig sichern wollen, müssen wir die neuesten Technologien schnell, zielgerichtet und zukunftsorientiert einsetzen. Durch Kooperationen können wir gleichzeitig die Möglichkeiten wirtschaftlicher Synergien nutzen und Spezialisierungen vorantreiben.

Eine wichtige Strategie zur Standortsicherung kann die gezielte Integration von Produkt und industrieller Dienstleistung sein. Produktnahe Dienstleistungen tragen zur Wettbewerbsdifferenzierung und Ausweitung der Geschäftstätigkeit eines jeden Unternehmens bei. Viele Beispiele belegen, dass diese neuen Modelle der Verknüpfung eines Produkts mit begleitenden Services einen wirksamen Beitrag zur Standortsicherung leisten können und die Exportchancen vieler Güter erhöhen. Das Spektrum erstreckt sich von der Finanzierung, Wartung und Schulung bis hin zu neuen Geschäfts- und Betreibermodellen.

Eines der Hauptargumente für den Einsatz eines Dienstleisters in Randbereichen der Produktion ist sicherlich das umfangreiche Know-how im Personalmanagement. Zur Kernkompetenz von innovativen Dienstleistern zählt auch die

Fähigkeit, kurzfristig ein Team von Fachkräften zusammenzuziehen, um einem Kunden über einen personellen Engpass hinwegzuhelfen. Besondere Vorteile bringt der Einsatz von Industriedienstleistern allerdings in den Bereichen, die nicht zum Kern des Produktionsprozesses zählen. Denn ein Industriedienstleister kann Synergiepotenziale nutzen, die branchenfokussierten Produktionsfirmen in aller Regel verschlossen bleiben. So kann er seine Mitarbeiter und seine Technik flexibel bei mehreren Kunden in einer Region einsetzen. Dadurch ist er zum einen in der Lage, die Bedarfsspitzen der Kunden abzudecken, und zum anderen gleichzeitig die Mitarbeiter voll auszulasten, sodass die Kosten optimiert werden können.

Professionelle Dienstleistungen verlangen in der sich dynamisch verändernden Industrie von heute allerdings ein hohes Maß an spezifischer Fach- und Führungskompetenz. Komplexe Dienstleistungen, wie beispielsweise die Instandhaltung, betreffen nicht nur die Verfügbarkeit der Anlagen, sondern unterstützen auch den Prozess der Wertschöpfung. Die Verzahnung der vielen Einzelprozesse nimmt zu. Die steigenden Kundenerwartungen können nur erfüllt werden, wenn die Konzepte darauf abgestimmt sind. Die heutige Produktion mit ihren hohen Ansprüchen an das Endprodukt braucht maßgeschneiderte Prozesse für Instandhaltung, Wartung und Entwicklung der Anlagen, ebenso wie für die interne Logistik und Produktionsunterstützung.

Deshalb ist die gezielte Anpassung der industriellen Dienstleistungen an das jeweils zu produzierende Gut unabdingbar. Das bedeutet, dass auch die Dienstleistungen ständig weiterentwickelt werden müssen. Die Realität zeigt, dass neuartige integrierte Leistungsangebote, die mehrere Einzeldienstleistungen miteinander verknüpfen, den größten wirtschaftlichen Erfolg für alle Partner bringen. Über Umfang und Intensität outgesourcter Leistung entscheidet allerdings immer das Management. Eine bedeutende Rolle spielen dabei Unternehmenskultur und Unternehmensphilosophie, die bestimmen, was zur Kernkompetenz eines Unternehmens gehört. Wer nachhaltig positive Veränderungen erzielen will, sollte die kompletten Prozesse zusammen mit dem potenziellen Outsourcing-Partner untersuchen. Wer nur daran denkt, Lohnkosten zu sparen, greift sicherlich zu kurz. Das kann sich mittelfristig genauso als Fehlentscheidung erweisen wie die Verlagerung von Produktionsprozessen in Billiglohnländer. Viele Unternehmen, die inzwischen wieder zurückgekehrt sind, haben ihr Abenteuer mit Qualitätseinbußen und geringerer Produktivität teuer bezahlt.

Wir wollen, dass Deutschland Produktionsstandort bleibt und dass Arbeit für alle in Deutschland vorhandenen Qualifikationslevel verfügbar ist. Ständige Weiterqualifzierung aller Bevölkerungsschichten ist dabei genauso wichtig wie beschäftigungsfreundliche Rahmenbedingungen.

Outsourcing kann in einer weltweit vernetzten Wirtschaft seinen Beitrag zur Sicherung des Standortes Deutschland leisten. Dieses Buch versammelt die Meinungen und Erkenntnisse namhafter Vertreter aus Wirtschaft, Wissenschaft, Politik und Gesellschaft. Ergänzend haben wir für Sie, liebe Leser, eine Auswahl von Best-Practice-Beispielen angefügt. Sie belegen eindrucksvoll, was mit Outsourcing erreicht werden kann.

Prof. Hans-Jörg Bullinger, Präsident der Fraunhofer-Gesellschaft
Stefan Klebert, Vorstand ThyssenKrupp Services AG

Inhaltsverzeichnis

Teil D: Trends

Verzeichnis der Abbildungen und Tabellen

Einleitung – Intelligenter produzieren am Standort Deutschland!

von Prof. Dr. Hans-Jörg Bullinger

Abwandern oder Standhalten am Standort Deutschland? Das ist die Frage für viele Unternehmen, die den Verlockungen der Niedriglohnländer ausgesetzt sind, aber auch für viele Spitzenkräfte, die im weltweiten Tauziehen um Talente vom Ausland mit großzügigen Offerten umworben werden.

Ist der Standort Deutschland noch zu retten? Während die einen jammern, als ginge es nur noch darum, die eigene Beerdigung vorzubereiten, beharren die anderen auf den überholten Erfolgsrezepten, die schon lange nicht mehr richtig greifen wollen. Doch es hilft nicht, der – geschichtlich betrachtet – kurzen Phase der Wirtschaftswunderzeit mit Vollbeschäftigung und kräftig steigendem Wirtschaftswachstum nachzutrauern. Sie kommt nie wieder.

Der globale Strukturwandel mit der Deindustrialisierung der alten Industrieländer und der Verlagerung des weltwirtschaftlichen Schwergewichts nach Asien ist nicht aufzuhalten. Für den Standort Deutschland ist das nur dann bedrohlich, wenn wir verzweifelt an dem festhalten wollen, was vergangen ist. Wenn wir aber bereit sind, uns mit den veränderten Rahmenbedingungen zu verändern, dann lassen sich auch neue Chancen erkennen. Es gilt, die aussichtsreichen Potenziale zu identifizieren und mit Kreativität und Intelligenz zu nutzen. Noch haben wir viele Stärken. Wir müssen sie allerdings neu interpretieren. Die Fähigkeit zur Erneuerung ist der Schlüsselfaktor für künftige Wettbewerbsfähigkeit. Entscheidend ist dabei nicht nur, ob wir ausreichend Ideen haben, sondern vor allem, ob wir den unbedingten Willen aufbringen, um Spitzenpositionen zu kämpfen.

Der kleine Aufschwung, der eine viertel Million mehr Menschen in Arbeit gebracht hat und auch in diesem Jahr ein Wachstum von etwa zwei Prozent bescheren könnte, sollte uns ermutigen, noch konsequenter auf Innovation und Erneuerung zu setzen. Dieses Buch zeigt, dass der Produktionsstandort Deutschland eine Zukunft hat, wenn wir intelligenter produzieren. Das heißt zum einen: nicht billigere, sondern bessere Produkte herstellen. Zum andern bedeutet es vor allem, effizientere Formen der Arbeitsteilung und neue kooperative Geschäftsmodelle zu entwickeln. Die Schlüsselbegriffe dazu heißen »Produzieren in Netzwerken« und »Integrierte Produktion«. Viele deutsche Unternehmen haben sich in den vergangenen Jahren stärker auf ihre Kernkompetenzen konzentriert, mit der Folge, dass »Randkompetenzen« ausgegliedert wurden. Wie »Outsourcing« als Chance für Unternehmen genutzt werden kann, beschreiben zahlreiche Praxisbeispiele in diesem Buch.

Die Bedeutung der Produktion für den Standort Deutschland geht weit über die Zahl der Beschäftigten in diesem Sektor hinaus. Entscheidend für die Zukunftsentwicklung des Exportweltmeisters Deutschland ist, den Produktionsbereich eng mit dem Dienstleistungsbereich zu verknüpfen. Wie die Agrargesellschaft von der Industriegesellschaft abgelöst wurde, wird diese nun von der Dienstleistungsgesellschaft abgelöst. Wertschöpfung und Beschäftigung verlagern sich in den hoch entwickelten Industriegesellschaften des 21. Jahrhunderts immer weiter in den tertiären Bereich. In fast allen hoch entwickelten Volkswirtschaften liegt mittlerweile der Anteil der Dienstleistungen an Bruttowertschöpfung und Beschäftigung deutlich über 60 Prozent. Der internationale Vergleich zeigt, dass die Entwicklung zur Dienstleistungsgesellschaft in anderen Ländern bereits weiter fortgeschritten ist. Eine Spitzenstellung nimmt die USA mit über 75 Prozent ein, dann folgen Frankreich, die Niederlande, Großbritannien und Deutschland. Noch hat in Deutschland der Anteil der Beschäftigten in der Produktion zur Gesamtbeschäftigung nur leicht abgenommen und die Anzahl der Beschäftigten im Verarbeitenden Gewerbe ist – trotz der Verlagerung von Produktion in Niedriglohnländer – relativ stabil geblieben. Umso größer ist die Gefahr, dass nun auch am Standort Deutschland die Anzahl der Arbeitsplätze in der Produktion sinken wird – wie das Beispiel USA zeigt. Dort hat der Anteil der in der Produktion Tätigen in den letzten 30 Jahren von 44 Prozent auf knapp über 20 Prozent abgenommen.

Zurzeit durchläuft die deutsche Wirtschaft einen tief greifenden Veränderungsprozess, der von der Verlagerung der Produktion in andere Länder und der Erschließung neuer Märkte in dynamisch wachsenden Wirtschaftsregionen geprägt ist. Die Verlagerung auch hochqualifizierter Arbeitsplätze in Billiglohnländer in Asien oder Osteuropa ist eine große Gefahr, weil so immer mehr Know-how aus Deutschland abfließt. Der Trend ist nicht aufzuhalten.

Dennoch müssen wir feststellen, dass viele Verlagerungen auf Fehlentscheidungen eines überforderten Managements zurückzuführen sind. Viele Unternehmen sind sehr leichtfertig mit ihren Produktionsstätten in Niedriglohnländer gezogen, obwohl sie die Kostenbelastungen auch durch andere Arbeitsmodelle oder Herstellungsverfahren signifikant hätten reduzieren können. Wer die Kosten am Standort Deutschland nicht in den Griff bekommt, wird auch im Ausland Schwierigkeiten haben.

Wenn wegen einer Einsparung von sieben Prozent die ganze Produktionslinie verlagert wird, ohne das Nutzen-Risiko-Verhältnis zu bewerten, verwundert die beachtliche Quote an Rückverlagerungen nicht. Je nach Branche müssten aber Kostenvorteile von etwa 30 Prozent erzielt werden, um eine Verlagerung in Betracht zu ziehen.

Es gibt ja auch genügend Unternehmen, die sehr erfolgreich und profitabel am Standort Deutschland produzieren. In einer branchenübergreifenden Umfrage unter mehr als 100 Unternehmen attestierten diese dem Standort Deutschland erhebliche Vorteile gegenüber Osteuropa und Asien. Sie nannten als positive Standortfaktoren vor allem hochqualifizierte Mitarbeiter, einen guten Technologiezugang und Performance-Faktoren wie Produktivität und Prozessqualität. Deshalb planen über 50 Prozent der Unternehmen trotz möglicher Kosteneinsparungen keine weiteren Verlagerungen, bei den F+E-Abteilungen sind es sogar mehr als 80 Prozent. Über 80 Prozent der Unternehmen fühlen sich außerdem ihrem sozialen und gesellschaftlichen Umfeld verpflichtet und halten deshalb am Standort Deutschland fest.

Eine Fülle von Maßnahmen zur Kostensenkung sichern den Standort Deutschland. Erfahrungsgemäß schlummern in jeder Produktion Effizienzpotenziale. Das Erschließen dieser Potenziale trägt maßgeblich dazu bei, den Produktionsstandort Deutschland zu stärken. In Einzelfällen erreichen die Unternehmen – laut Umfrage – bis zu 30 Prozent Kostenreduzierungen, im Durchschnitt immerhin zwischen 4,5 und 10 Prozent.

In produzierenden Unternehmen wird die Wertschöpfung primär mit der Fertigung in Verbindung gebracht. Hier wurden bereits wesentliche Produktivitätssteigerungen erreicht. Vernachlässigt werden aber die unterstützenden Prozesse in administrativen Bereichen wie der Entwicklung oder dem Vertrieb. Eine genaue Analyse offenbart auch dort enorme Verbesserungspotenziale.

Ein zentraler Aspekt bei der globalen Standortplanung ist die angestrebte Wertschöpfungstiefe sowie die Verteilung der Wertschöpfung auf unterschiedliche Standorte. Hierbei gilt es, verschiedene Strategien sorgfältig und ganzheitlich zu bewerten und Entscheidungen gerade im Mittelstand nicht nur nach kurzfristigen und einseitigen Gesichtspunkten zu treffen. Während Niedriglohnstandorte für arbeitsintensive, einfache Tätigkeiten ein hohes Potenzial besitzen, bieten insbesondere die gute Beherrschung komplexer Prozesse und Technologien sowie das umfangreiche Erfahrungswissen und Know-how in der Fertigung Wettbewerbsvorteile am Standort Deutschland.

Eine Exportnation wie Deutschland ist heute noch viel stärker davon abhängig, Produkte und Dienstleistungen anzubieten, die auf den Weltmärkten konkurrenzfähig sind. Da wir einen Preiswettbewerb mit Billiglohnländern nicht gewinnen können, müssen wir etwas herstellen oder etwas leisten, was diese nicht können – innovative, einzigartige Produkte und Dienstleistungen, für die Verbraucher auch bereit sind, einen höheren Preis zu bezahlen.

Deutsche Unternehmen sollten sich auf die Entwicklung und Planung komplexer Systeme konzentrieren, wie das die erfolgreichen großen Unternehmen und mittelständischen Weltmarktführer vorexerzieren. »Made in Germany« war und ist das Markenzeichen für technische Spitzenleistung, Qualität und Zuverlässigkeit. Billige Massenprodukte werden heute vornehmlich in Asien hergestellt. Doch der weltweite Trend geht weg von simplen Massenartikeln hin zu Qualität, die durch Marken verkörpert wird. Deutsche Unternehmen, vor allem mittelständische Firmen, haben viele berühmte Marken geschaffen. Bezeichnenderweise waren es meist Familienunternehmen, die den Produkten eine Aura von Langlebigkeit und ererbtem Können gaben. Familienunternehmen fühlen sich der Glaubwürdigkeit der Marke besonders verpflichtet. Sie kennen den Markt und sie hören auf den Kunden. Die erreichte hohe Qualität in anspruchsvollen Produkten und Prozessen sichert dann auch weiterhin den Führungsanspruch Deutschlands in weltweit verzweigten Wertschöpfungsketten.

Langfristig sollten wir das alte Markenzeichen »Made in Germany« durch ein neues »Germany – powered by innovation« ersetzen. Dann würde es heißen: Wer ein komplexes Produkt mit einer Systemfunktion benötigt, geht nach Deutschland, weil er dort kreative Menschen zum Forschen und Entwickeln – und zum intelligenten Produzieren findet.

In Zukunft kommt es nicht mehr allein darauf an, hervorragende Produkte herzustellen. Anspruchsvolle Kunden erwarten umfassende Komplettlösungen und Services über den gesamten Produktlebenszyklus hinweg. Service-Kosten machen rund 90 Prozent der gesamten Lebenszykluskosten von Industriemaschinen und -anlagen aus. Aber nur die wenigsten Hersteller sind an diesem Umsatzpotenzial beteiligt.

Produktbegleitende Dienste gewinnen eine immer höhere Bedeutung. Wer teure Maschinen kauft, will auch, dass sie rund um die Uhr gewartet und dass die Mitarbeiter geschult werden. Vom direkten Service-Support bis hin zum systematischen Ausbau von Wartungs-, Reparatur- und Instandhaltungsdienstleistungen und zu Betreibermodellen gibt es eine große Palette neuartiger Lösungen mit großem Potenzial für eine exportorientierte Wirtschaft. Die Hersteller von Produkten besitzen Wissen, das sie in der Regel auch besonders befähigt, Dienste kundenspezifisch anzubieten. Deutschland verfügt weltweit über einen guten Ruf als Produzent hochwertiger Sachgüter. Diese Reputation kann genutzt werden, um eine ebenso hervorragende Dienstleistungsexzellenz in neuen Feldern aufzubauen.

Lange Zeit hat man am traditionell stark produktionsorientierten Standort Deutschland die Chancen, die sich im Dienstleistungsbereich bieten, nicht ausreichend erkannt. Für die deutsche Volkswirtschaft sind die wissensintensiven Dienstleistungen besonders bedeutsam.

Länder wie die Vereinigten Staaten machen es vor, wie systematisch und kundenorientiert entwickelte Dienstleistungen als Jobschaffer wirken und den Unternehmenserfolg sichern können.

Dazu müssen wir folgende Herausforderungen meistern:

Erstens wird es darauf ankommen, Technologieentwicklung und Dienstleistungsentwicklung frühzeitig und systematisch zu verknüpfen. Viele Dienstleistungen sind ohne Technologieeinsatz nicht denkbar. Eine herausragende Rolle spielen dabei die Informations- und Kommunikationstechnologien.

Zweitens: Wir müssen Allianzen von Produktion und Dienstleistung bilden. Produkte, die sich funktional und qualitativ immer ähnlicher werden, können über attraktive Dienstleistungen am Markt Wettbewerbsvorteile erringen und die Marktposition wesentlich stärken. Umgekehrt wirken neue Dienstleistungskonzepte oft als Impulsgeber für die Verbesserung oder die Neuentwicklung von Produkten.

Drittens: Es ist dringend erforderlich, neue und wettbewerbsfähige Dienstleistungen in den zentralen Wachstumsmärkten der Dienstleistungswirtschaft zu entwickeln und international zu vermarkten. Dies gilt vor allem für die Beratungs-, Finanz-, Gesundheits-, Senioren-, Medien- oder die Bildungswirtschaft.

Viertens wird es immer wichtiger, die Dienstleistungsarbeit selbst so zu gestalten, dass attraktive Beschäftigung entsteht. Insbesondere bei den wissensintensiven Dienstleistungen werden viele Eigenschaften einer Dienstleistung erst in der direkten Wechselwirkung mit den Kunden definiert und erarbeitet. Von entscheidender Bedeutung ist es daher, die Interaktion mit dem Kunden wirkungsvoll und wirtschaftlich zu gestalten.

Dieser Prozess der Globalisierung wird beschleunigt durch die schnelle Übertragung von Wissen und Information und die Perfektionierung der logistischen Strukturen und Systeme. Das Agieren in weltweiten Märkten verlangt von den Unternehmen als wichtigste Eigenschaft, auch in fernen Märkten präsent zu sein, unmittelbar zu liefern und jederzeit Service leisten zu können. Die Produktion der Zukunft wird gekennzeichnet sein von der Orientierung am Kunden, individualisierten Produkten statt Massenfertigung und integrierten, weltweit vernetzten Geschäftsprozessen. Die Herausforderung heißt, gleichzeitig die Variabilität in den Produkten zu steigern und trotzdem zu Kosten der Massenproduktion zu fertigen. Dies erfordert produktgerechte, wertoptimierte Prozessketten, deren Wirtschaftlichkeit nicht durch überhöhte planerische Aufwände gefährdet wird.

Die computergestützten Techniken der Simulation, Virtuellen Realität und des Rapid Product Development führen zu einer drastischen Verkürzung der Entwicklungszeiten, erheblichen Produktivitätsgewinnen und Kostenreduktionen. Durch das »Simultaneous Engineering« konnten im Automobilbau in Deutschland in den vergangenen Jahren die Entwicklungszeiten fast halbiert werden. Die Informationssysteme unterstützen auch neue Formen einer kooperativen Produkt- und Serviceentwicklung, sie ermöglichen eine effiziente Kooperation und Prozessabwicklung und binden über E-Business-Plattformen Partner, Kunden und Lieferanten ein. Das Motto lautet: digital vernetzt arbeiten. Folgende Themenfelder prägen die Entwicklung: Das »Adaptive Produzieren« überwindet die bisherigen Begrenzungen der Fertigungsprozesse, mit dem Ziel extrem flexible Produktionssysteme zu entwickeln. Das »Digitale Produzieren« umfasst eine Fülle von Planungs-, Simulations- und Kommunikationswerkzeugen und bildet die gesamte Prozesskette durchgehend digital ab. Das »Produzieren in Netzwerken« ist ein Megatrend der Industrie, mit dem neue dynamische und kooperative Produktions- und Wertschöpfungsnetzwerke entstehen. In Zukunft konkurrieren nicht mehr Konzerne miteinander, sondern länderübergreifende Unternehmens-Netzwerke.

Wenn wir Antworten auf die Frage nach einer nachhaltig wirtschaftlichen Produktion unter Hochlohnlandbedingungen erarbeiten, eröffnen wir neue Chancen für den Produktionsstandort Deutschland. Doch der Erfolg hängt letztlich von den Menschen ab, von leistungsfähigen und motivierten Mitarbeitern, das haben die Unternehmen erkannt, ebenso aber auch von innovationsbereiten Führungskräften. Eine Schlüsselstellung haben dabei die Unternehmen, die die Möglichkeiten der Globalisierung nutzen, um den Standort durch intelligente Produktion zu sichern.

Teil A
Situationsanalyse

Die Arbeitslosigkeit ist nach wie vor hoch, die älter werdende Bevölkerung führt die Sozialversicherungssysteme an die Leistungsgrenzen und die fortschreitende Globalisierung erhöht den Wettbewerbsdruck auf die deutschen Unternehmen. Politik, Wirtschaft und Bevölkerung müssen die Herausforderung annehmen und neue, innovative Wege gehen, um Wachstum und Wohlstand zu sichern.

Eine Schlüsselrolle spielen dabei die deutschen Unternehmen. Sie sind die Quelle von Wertschöpfung, Einkommen und Beschäftigung und damit des zukünftigen Wohlstands. Aber wie leistungsfähig sind unsere Unternehmen? Können sie der internationalen Konkurrenz die Stirn bieten? Und wo liegen die größten Risiken?

Die folgenden vier Beiträge tragen aus verschiedenen Blickwinkeln zur Standortbestimmung der deutschen Wirtschaft und Unternehmen bei. *Michael Hüther* zeigt, dass der Industriestandort Deutschland – entgegen der verbreiteten Auffassung – keineswegs an Stärke verloren hat. Er führt vor Augen, dass gerade der Wandel der Produktionsstrukturen ein Zeichen für die Anpassungsfähigkeit der Wirtschaft ist. *Lothar Späth* macht deutlich, welche Probleme auf dem Arbeitsmarkt durch die deutsche Wiedervereinigung und die EU-Erweiterungsrunden entstanden sind. Doch Pessimismus und Resignation helfen nicht weiter, im Gegenteil, er fordert die Kreativität aller Beteiligten aus Politik, Wirtschaft und Wissenschaft, um die ökonomische Entwicklung dynamisch voranzutreiben. Neue Wege zu beschreiten erfordert die Bereitschaft, Hindernisse aus dem Weg zu räumen. *Stephan Scholtissek* zeigt in seinem Beitrag, welche Widersprüche und Fehleinschätzungen – er spricht von Mythen – den Anpassungsprozess in Deutschland heute noch behindern und darum überwunden werden müssen. Aber auch die Konkurrenz schläft nicht, das macht *Frank Sieren* am Beispiel Chinas deutlich. Das bevölkerungsreichste Land der Erde drängt mit Macht auf die internationalen Märkte und kann Deutschland schon bald vom Thron des Exportweltmeisters stoßen.

Industriestandort Deutschland – stärker denn je

von Prof. Dr. Michael Hüther

Kann die deutsche Industrie als Auslaufmodell bezeichnet werden? Die klare Antwort lautet: nein! Im Verbund mit industrienahen Dienstleistungen kann von einem Bedeutungsverlust der Industrie keine Rede sein. Im Gegenteil – die Herausbildung von Clusterstrukturen mit der Industrie als Drehscheibe verhilft vielen Regionen in Deutschland zum Erfolg; insbesondere wenn auch die Wirtschaftspolitik ihren Beitrag leistet.

1 Industrie in Deutschland – ein Auslaufmodell?

Die Betrachtung der Industriegüterbranche in Deutschland führt zu einem klaren Befund: Der Produktionsanteil der Industrie an der Bruttowertschöpfung ist seit dem Jahr 1970 deutlich zurückgegangen (Abbildung 1). Das jahresdurchschnittliche Wachstum der realen Bruttowertschöpfung im Dienstleistungssektor war mit 3,1 Prozent doppelt so hoch wie in der Industrie.[1]

Auch die Industriebeschäftigung ist rückläufig. In Abbildung 2 ist die Veränderung der Anzahl der Erwerbstätigen in der Industrie jeweils gegenüber dem vorhergehenden Jahr abgebildet. Dabei ist auffällig, dass die Industrieunternehmen vorwiegend die Anpassungslasten tragen, die mit konjunkturellen Schocks einhergehen. Ein starker Beschäftigungsabbau ist jeweils in den Krisenjahren zu beobachten. Wenig flexible Faktorpreise führen auch hier zu verstärkten Mengenanpassungen. Während der Krisenjahre hat sich jeweils ein Sockel an Arbeitslosigkeit gebildet, der sich in den Erholungsjahren kaum zurückentwickelt hat.

1 Vgl. zu den folgenden Ausführungen: Grömling, Michael/Lichtblau, Karl: Deutschland vor einem neuen Industriezeitalter? IW-Analysen Nr. 20, herausgegeben vom Institut der deutschen Wirtschaft, Köln 2006, S. 64.

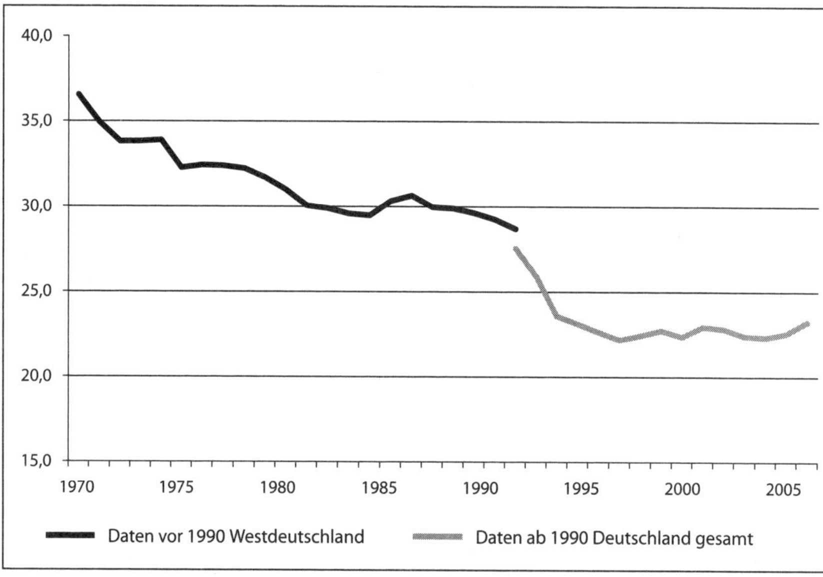

Quellen: Statistisches Bundesamt; Institut der deutschen Wirtschaft Köln

Abbildung 1: Produktionsanteil der Industrie an der gesamtwirtschaftlichen Bruttowertschöpfung in Deutschland (in Prozent)

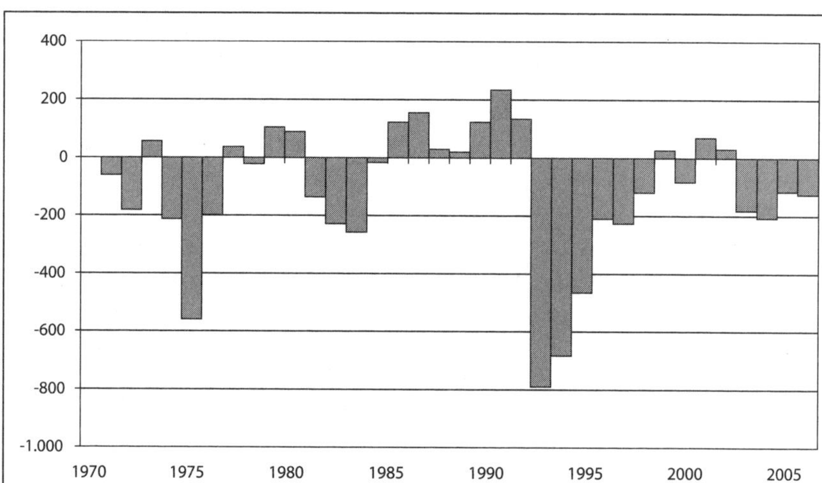

Quellen: Statistisches Bundesamt; Institut der deutschen Wirtschaft Köln

Abbildung 2: Beschäftigungsentwicklung in der deutschen Industrie (Veränderung gegenüber Vorjahr in 1.000 Personen)

Die De-Industrialisierung ist ein globales Phänomen. Der Dienstleistungsanteil ist auf dem Vormarsch, und zwar sowohl in Hocheinkommensländern als auch in Staaten mit mittleren und niedrigen Einkommen. In den Hocheinkommensländern hatte das Verarbeitende Gewerbe im Jahr 2004 nur noch einen Anteil von 26 Prozent am Bruttoinlandsprodukt, im Jahr 1980 waren es noch 38 Prozent. In Ländern mit mittlerem und niedrigem Einkommen sank der Industrieanteil gleichzeitig von 40 auf 33 Prozent.

2 Gründe für eine De-Industrialisierung

Hinter dem Rückgang der Industrie und dem spiegelbildlichen Bedeutungszuwachs des Dienstleistungssektors steht eine Reihe von Entwicklungen, die im Folgenden einer näheren Betrachtung unterzogen werden:

- Mit steigendem Wohlstand verschiebt sich die Nachfrage zugunsten von Dienstleistungen.
- Der gesamtwirtschaftliche Produktionsprozess wird servicelastiger, ein Teil der industriellen Wertschöpfung wird in Dienstleistungsfirmen ausgelagert.
- Produktionsverlagerungen an andere Standorte treffen vorwiegend die Industrie.
- Produktivitätsgewinne und Preiswettbewerb innerhalb der Industrie vermindern deren eigene Bedeutung.

2.1 Die Industrie als Opfer des Nachfragewandels

Die Konsumnachfrage ist eine Determinante für Veränderungen in der Produktionsstruktur. Mit steigendem Einkommen nimmt die Nachfrage nach Dienstleistungen überproportional zu. Die Tertiarisierung ist daher auch ein Wohlstandsphänomen. Der konsumgetriebene Strukturwandel wird durch die Verschiebungen der Anteile von Waren und Dienstleistungen am Konsum eindrücklich untermauert (Abbildung 3). Während des Zeitraums 1991 bis 2005 ist der Dienstleistungsanteil an den Konsumausgaben der privaten Haushalte von 43 auf 52 Prozent kräftig angestiegen, der Warenanteil ging im gleichen Zeitraum auf 48 Prozent zurück.

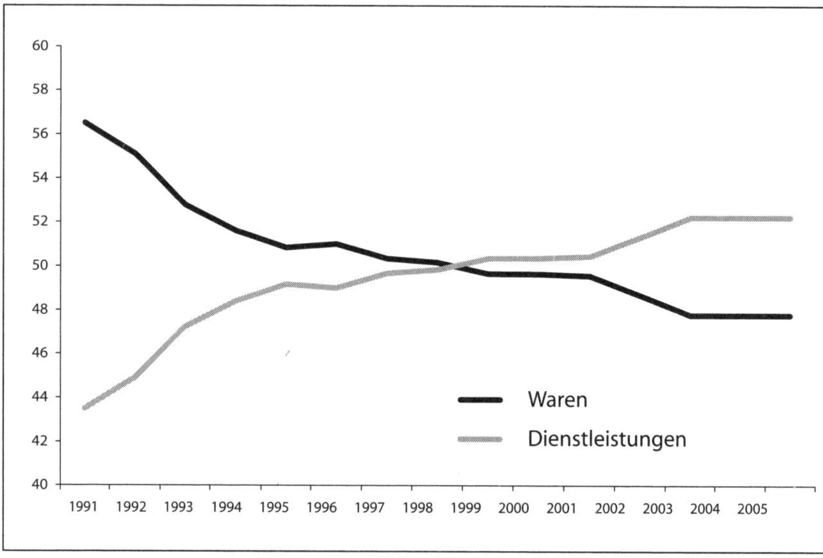

Quellen: Statistisches Bundesamt; Institut der deutschen Wirtschaft Köln

Abbildung 3: Wandel der Konsumstruktur in Deutschland (Anteil an den Konsumausgaben in Prozent)

Bei einem Vergleich der Befunde zum Strukturwandel anhand von Wertschöpfung, Beschäftigung und Konsum fällt auf, dass in Deutschland im Jahr 2004 der Dienstleistungsanteil am Konsum der Haushalte mit 52 Prozent deutlich niedriger ausfiel als an der Wertschöpfung (70 Prozent) oder der Erwerbstätigkeit (71 Prozent). Dafür können zwei Gründe angeführt werden: ein hoher Dienstleistungsexport oder ein stark expandierender Dienstleistungsanteil an den Vorleistungen im Unternehmenssektor. Vieles spricht für die zweite Erklärung, wie im nächsten Abschnitt erläutert wird.

2.2 Die Industrie als Opfer des Produktionswandels

Für den statistisch gemessenen Rückgang der Industrie sind auf der Produktionsseite im Wesentlichen drei Faktoren verantwortlich: produktbegleitende Dienstleistungen, die Tertiarisierung der Produktionsprozesse sowie das Outsourcing.

Das klassische Industrieprodukt hat seinen Charakter verändert. Um Wettbewerbsvorteile zu erzielen, sind zunehmend produktbegleitende Dienstleistungen erforderlich. Die Palette reicht von Schulungsservices für Kunden und Mitarbeiter über Finanzdienstleistungen bis hin zu gemeinsamer Forschung und Entwicklung von Kunde und Hersteller. In vielen Fällen ist zwischen der Ware und der begleitenden Dienstleistung kaum zu unterscheiden. Aufgrund der Akzentverschiebung ist die Bedeutung industrieller Güter im engeren Sinne zurückgegangen, da die begleitenden Dienstleistungen dem Dienstleistungssektor zugerechnet werden.

Diese Entwicklung wird verstärkt durch die Tertiarisierung der Produktionsprozesse selbst. Als Beispiel sei hier der Wandel des physischen Kapitals hin zu Mehrzweckausrüstungen und programmierbaren Maschinen genannt. Dadurch wird die Dienstleistungsintensität im Produktionsprozess erhöht.

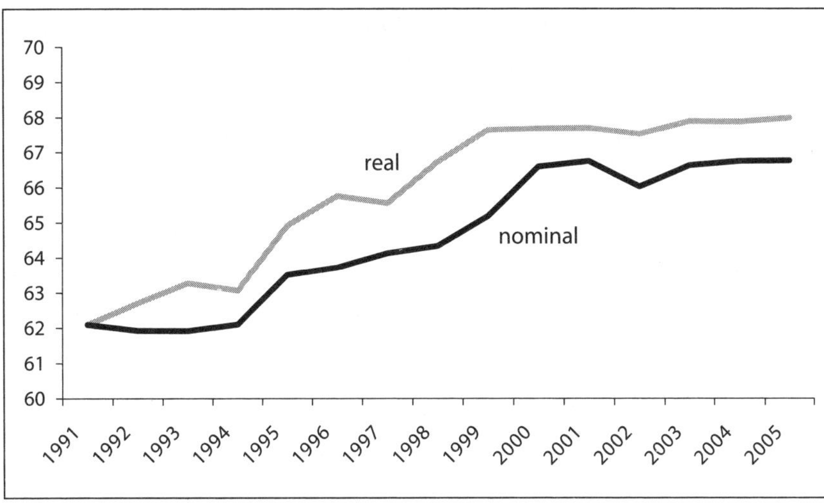

Quellen: Statistisches Bundesamt; Institut der deutschen Wirtschaft Köln

Abbildung 4: Vorleistungsquoten im Verarbeitenden Gewerbe (Anteil der Vorleistungen am Produktionswert in Prozent)

Ein weiterer Faktor für den statistisch gemessenen Rückgang der Industrie ist das Phänomen des Outsourcings. Im Rahmen der Globalisierung werden Unternehmen gezwungen, sich auf ihr Kerngeschäft zu konzentrieren und bestimmte Leistungen in Spezialunternehmen zu verlagern, die nicht zwingend zum industriellen Sektor gerechnet werden. Der erhöhte Bezug von Vorleistungen wird in

Abbildung 4 deutlich. Anhand der Beschäftigungsentwicklung in den Sparten des Dienstleistungssektors (Abbildung 5) zeigt sich, dass die Dynamik vor allem bei den unternehmensnahen Dienstleistungen zu verorten ist.

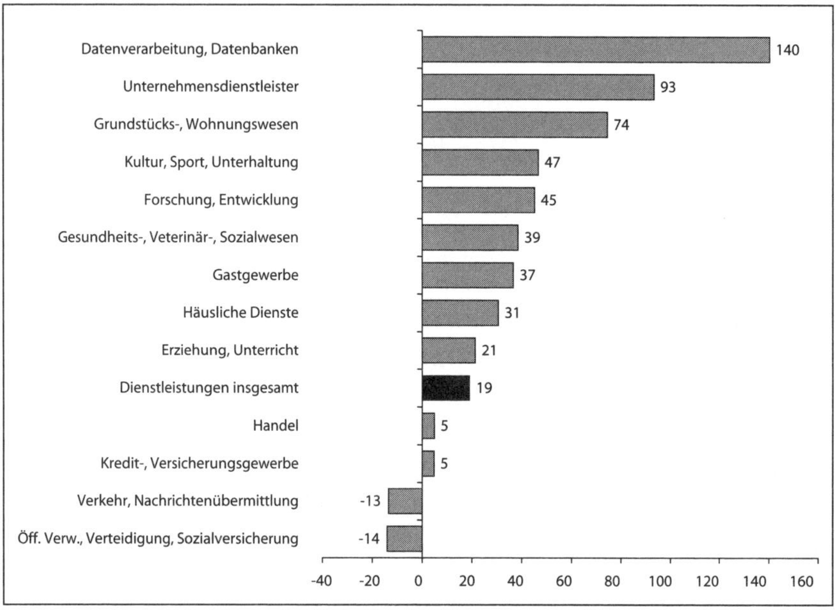

Quellen: Statistisches Bundesamt; Institut der deutschen Wirtschaft Köln

Abbildung 5: Beschäftigungsdynamik im deutschen Dienstleistungssektor

2.3 Die Industrie als Opfer des Offshoring

Der scheinbare Bedeutungsrückgang der Industrie ist frappierend, vor allem angesichts steigender Exporte von Industriegütern. Neben einer verstärkten sektoralen Arbeitsteilung leistet hierzu auch ein erhöhter Anteil an importierten Vorleistungen einen Erklärungsbeitrag. Angesichts dieses Phänomens des »Hollowing-out« werden Befürchtungen geschürt, dass Deutschland sich zu einer »Basarökonomie« entwickelt, die nur noch ausländische Güter durchschleust – zu Lasten der heimischen Industrie.[2] Diese industrielle Arbeitsteilung

2 Vgl. Sinn, Hans-Werner: Die Basar-Ökonomie, Berlin 2005.

kann dennoch nicht als »Industriekiller« angesehen werden. Dafür sind die folgenden Gründe maßgeblich:

- Deutsche Industrieunternehmen sind vermehrt im Ausland vertreten. Neben dem Außenhandel gewinnt das direkte Engagement im Ausland in der Internationalisierungsstrategie damit zunehmend an Bedeutung.
- Der Bezug arbeitsintensiver Dienstleistungen aus Ländern mit geringeren Arbeitskosten sollte nicht als Nachteil für die deutsche Industrieproduktion angesehen werden. Zwar haben die Bemühungen zur Senkung der Arbeitskosten in Deutschland in den letzten Jahren Früchte getragen. Dennoch liegen wir bei den Kosten, die auf dem Faktor Arbeit lasten, noch immer international in der Spitzengruppe.[3]
- Die Erschließung von Auslandsmärkten wird gerade durch Verlagerungen ins Ausland erreicht. Auch wenn ausländische Tochterfirmen durch ihre deutschen Mutterfirmen beliefert werden, sichert das die Produktion in Deutschland.
- Einen weiteren Vorteil schöpft die deutsche Industrie aus dem Zugriff auf ausländische Fachkräfte, der auf dem Weg des Offshoring ermöglicht wird. Dies ist vor allem vor dem Hintergrund des Mangels an sogenannten MINT-Absolventen[4] in Deutschland bedeutsam.[5]
- Offshoring ermöglicht überdies eine bessere Risikostreuung. Sie muss allerdings gegen den erhöhten Koordinierungsaufwand sowie die Zunahme von Abhängigkeiten abgewogen werden.

2.4 Die Industrie als Opfer des eigenen Erfolgs

In den Industrieländern ist zu beobachten, dass die Produktivität in der Industrie erheblich schneller steigt als in der Gesamtwirtschaft. Besonders dynamisch entwickelt sich dabei die Elektroindustrie (Tabelle 1). Für die hohen Produk-

3 Vgl. Schröder, Christoph: Produktivität und Lohnstückkosten im internationalen Vergleich, in: IW-Trends, 33. Jg., Heft 3, Köln 2006, S. 73–86 sowie Neligan, Adriana/ Schröder, Christoph: Arbeitskosten im Verarbeitenden Gewerbe unter Berücksichtigung des Vorleistungsverbunds, in: IW-Trends, 33. Jg., Heft 1, Köln 2006, S. 61–72.

4 Absolventen der Studiengänge Mathematik, Informatik, Naturwissenschaften, Technik.

5 Vgl. Institut der deutschen Wirtschaft (Hrsg.): Freie Bahn für findige Köpfe: Deutschland im internationalen Innovationswettbewerb, Köln 2005, S. 16.

tivitätszuwächse in der Industrie sind vor allem folgende Faktoren ausschlaggebend:

- Der industrielle Produktionsprozess ermöglicht in besonderem Maße technischen Fortschritt, vor allem in Form von Rationalisierungen. Der Produktivitätszuwachs führt also typischerweise zu einem Preisrückgang.
- Im Dienstleistungssektor sind Produktivitätsfortschritte hingegen nur in begrenztem Maße zu beobachten. Dies resultiert aus einem geringeren Wettbewerbsdruck, der maßgeblich auf eine starke Reglementierung der europäischen Dienstleistungsmärkte zurückzuführen ist.

	1960–1991	**1991–2002**
Produktivität		
Elektroindustrie	359	40
Verarbeitendes Gewerbe	163	30
Gesamtwirtschaft	136	19
Preise		
Elektroindustrie	80	-0,2
Verarbeitendes Gewerbe	162	15
Gesamtwirtschaft	230	16

1960 bis 1991 Westdeutschland, 1991 bis 2002 Deutschland;
Produktivität: reale Bruttowertschöpfung je Erwerbstätigem;
Preise: impliziter Deflator aus nominaler und realer Wertschöpfung.

Quellen: Statistisches Bundesamt; Institut der deutschen Wirtschaft Köln

Tabelle 1: Produktivität und Preise in Gesamtwirtschaft und Verarbeitendem Gewerbe (Veränderung in Prozent)

Die im Vergleich zur Gesamtwirtschaft höhere Produktivität der Industrie schlug sich aufgrund des ausgeprägten internationalen Wettbewerbsdrucks vielfach in einer Verringerung der Preise nieder. Dies führt zwar tendenziell über eine erhöhte Nachfrage zu einer mengenmäßigen Ausweitung. Die übrigen, bereits genannten Faktoren des industriellen Rückgangs haben jedoch eine Verringerung der Produktionsmengen zur Folge. Da die Bruttowertschöpfung in Preisen multipliziert mit Mengen gemessen wird, verringert sich diese Größe aufgrund einer erhöhten industriellen Produktivität.

Anhand der betrachteten Faktoren konnte der statistisch gemessene Rückgang der Industrie begründet werden. Von einem tatsächlichen Bedeutungsverlust des Industriesektors kann hingegen keine Rede sein. Das Gegenteil ist der Fall. Durch Spezialisierungen im Rahmen des Vorleistungsverbunds und des Offshoring sowie durch die erhöhte Produktivität im industriellen Sektor hat die Industrie an Wettbewerbsfähigkeit gewonnen.

3 Zur zukünftigen Bedeutung der Industrie in Deutschland

Nachdem gezeigt wurde, weshalb sich die Bedeutung der Industrie in Deutschland nicht verringert hat, obwohl verschiedene Größen wie Produktionsanteile, Beschäftigung und Wertschöpfung dies nahe legen, soll nun der Blick nach vorne gerichtet und begründet werden, dass die Industrieproduktion auch zukünftig eine wichtige Rolle in Deutschland spielen wird. Die Industrie hat eine wichtige Bedeutung für:

- das Dienstleistungswachstum,
- den Außenhandel,
- Innovationen sowie
- regionale Cluster.

3.1 Die Industrie als Träger des Dienstleistungswachstums

Wie bereits anhand der zuvor erläuterten Zusammenhänge deutlich wurde, tritt die Industrie als bedeutender Nachfrager nach Dienstleistungen auf. So hat das Verarbeitende Gewerbe laut einer Befragung des Statistischen Bundesamtes im Jahr 2003 insgesamt 40 Prozent der Dienstleistungskäufe ausgewählter Bereiche in Deutschland getätigt.[6] Im Vorleistungsverbund mit den Dienstleistungen zeigt sich seit geraumer Zeit ein Anstieg der Bedeutung der Industrie. Während der Verbundanteil des Verarbeitenden Gewerbes an der Bruttowertschöpfung seit

6 Vgl. Tümmler, Thorsten: Dienstleistungsnachfrage durch Unternehmen: Ergebnisse für 2003, in: Statistisches Bundesamt, Wirtschaft und Statistik, Heft 10, 2005, S. 1080–1088.

Mitte der 1990er Jahre deutlich angestiegen ist, entfaltet die Industrieproduktion ohne Vorleistungen eine wesentlich geringere Dynamik (Abbildung 6).

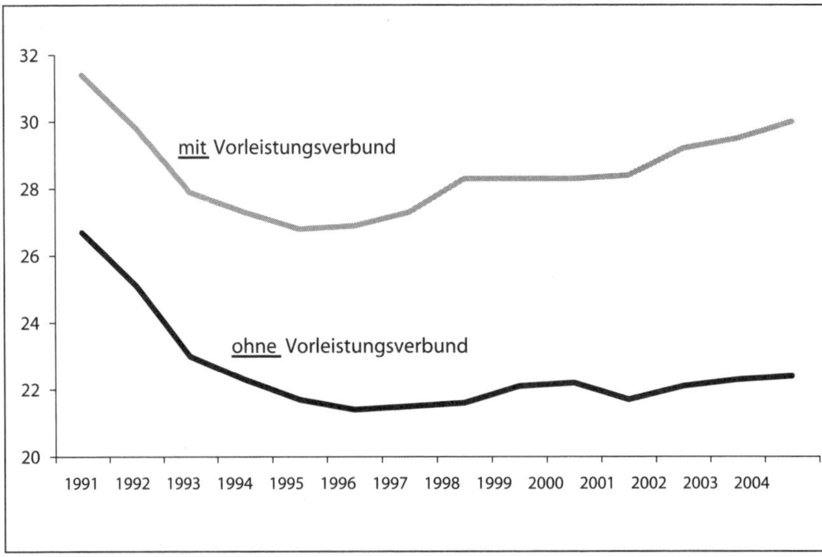

Quellen: Statistisches Bundesamt; IW Consult

Abbildung 6: Industrie und Vorleistungsverbund (Anteil des Verarbeitenden Gewerbes an der Bruttowertschöpfung mit und ohne Berücksichtigung des Vorleistungsverbundes [Nettobezüge von anderen Sektoren], in Prozent)

Vom Rückgang zu Beginn der 1990er Jahre hat sich die Industrie ohne Vorleistungsverbund bislang kaum erholt. Das Verarbeitende Gewerbe lag im Jahr 2004 bei einem Anteil von 22,4 Prozent und damit um 4,3 Prozentpunkte unter dem Niveau des Jahres 1991. Berücksichtigt man hingegen den Vorleistungsverbund, so hat sich die Bedeutung der Industrie, gemessen am Bruttowertschöpfungsanteil des Verarbeitenden Gewerbes im Jahr 2004, mit einem Rückgang von 1,4 Prozentpunkten gegenüber 1991 kaum verringert.

3.2 Die Industrie als Träger des Außenhandels

Eine wichtige Auswirkung der Globalisierung ist das Wachstum des Welthandels. Zwar haben sich die Zuwachsraten der internationalen Handelsströme verlangsamt. Nach einer Steigerung um 21 Prozent im Jahr 2004 lag der Zuwachs im Jahr 2005 jedoch noch immer bei einem beachtlichen Wert von 13 Prozent. Deutschland verzeichnet hier eine bemerkenswerte Dynamik. Der Titel des »Exportweltmeisters« in Bezug auf den Warenhandel konnte im Jahr 2005 verteidigt werden (Abbildung 7). Nimmt man den Warenexport und den Dienstleistungsexport zusammen, so belegt Deutschland hinter den USA Rang 2.

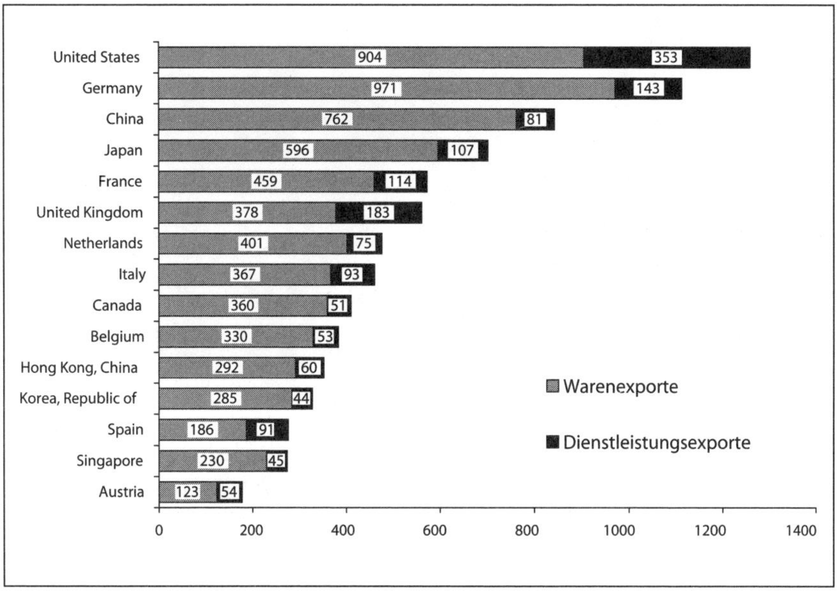

Quelle: WTO

Abbildung 7: Die größten Handelsnationen (Waren- und Dienstleistungsexporte 2005, in Milliarden US-Dollar)

3.3 Die Industrie als Träger von Innovationen

Die Realisation von technischem Fortschritt ist ein wichtiger Faktor im globalen Wettbewerb. Ein Blick auf die Empirie legt nahe, dass Industrieunternehmen am innovativsten sind (Abbildung 8). Während die Industrie im Jahr 2005 Ausgaben für Forschung und Entwicklung in Höhe von fast 44 Milliarden Euro und somit einen Anteil von 92 Prozent für sich verbuchen konnte, entfielen auf den Dienstleistungssektor lediglich knapp vier Milliarden Euro (8 Prozent).

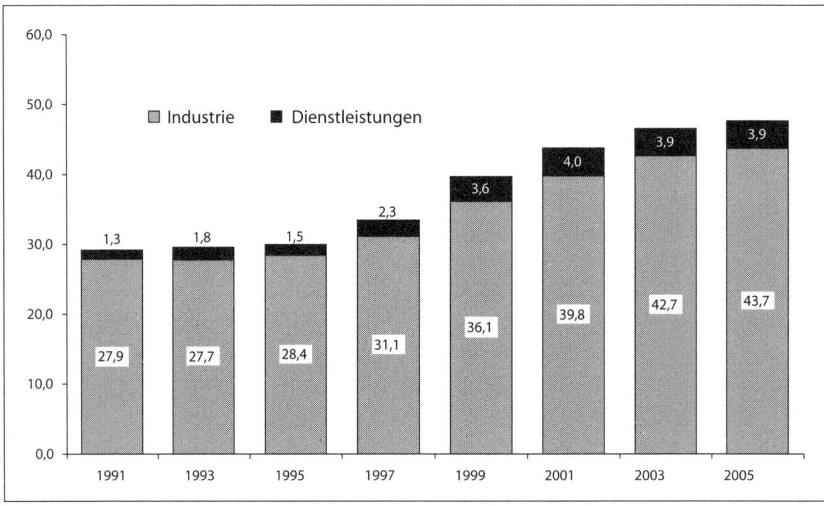

Quelle: Stifterverband; Institut der deutschen Wirtschaft Köln

Abbildung 8: Forschung in Deutschland: Domäne der Industrie (Aufwendung für Forschung und Entwicklung, in Milliarden Euro)

Zu diesem Befund muss allerdings einschränkend angemerkt werden, dass entwickelte Volkswirtschaften typischerweise eine Arbeitsteilung aufweisen, wonach Innovationen im Industriesektor entstehen, aber überwiegend im Dienstleistungsbereich angewendet werden. Laut einer Befragung im Rahmen des IW-Zukunfts-Panels sind die Impulsgeber für Innovationen zu über 90 Prozent die Kunden.[7] Diese Zusammenhänge belegen die Bedeutung des Zusammenspiels

7 Vgl. IW Consult: Forschung und Innovation: Innovationen hauptsächlich kundengetrieben, IW-Panel-Report, Nr. 2, Köln 2006.

von Industrie und Dienstleistungen, das auch für Innovationen eine wichtige Rolle spielt.

3.4 Die Industrie als Träger von regionalen Clustern

Als Cluster oder Standortverbund bezeichnet man »räumlich konzentrierte, vertikal und/oder horizontal angelegte Netzwerke von Unternehmen sowie Wissenschafts- und Bildungseinrichtungen«.[8] Ein solches Netzwerk ist letztlich die logische Weiterentwicklung des Vorleistungsverbunds von Industrie und Dienstleistungen. Durch die räumliche Nähe unterschiedlich spezialisierter Unternehmen und Institutionen entstehen positive Effekte in Form von Losgrößenvorteilen, Netzwerkeffekten, spezialisierten Zulieferindustrien, einem Pool spezieller Qualifikationen sowie einem erleichterten Austausch von Erfahrungen und Wissen. Industrieunternehmen können dabei als zentrales Element eines Clusters angesehen werden.

Cluster sind für viele Regionen in Deutschland der zentrale Erfolgsfaktor. Die Beschäftigungsentwicklung in Kreisen mit Clustern übersteigt diejenige in Kreisen ohne Cluster, wie Tabelle 2 für den Zeitraum 2000 bis 2005 zeigt. Danach wiesen Kreise mit Clustern in einem weiten Cluster-Konzept eine um 2,2 Prozentpunkte günstigere Entwicklung auf. Gemäß einer engen Abgrenzung übertrafen sie Kreise ohne Cluster um 2,1 Prozentpunkte.

Der Erfolg von Clustern ist jedoch kein Automatismus. Der Anteil erfolgreicher Standortverbünde, also jener Cluster, die sich durch eine günstigere Beschäftigungsentwicklung auszeichnen als die Vergleichsgruppe der Kreise ohne Cluster, beträgt lediglich 60 Prozent in einer weiten und 72 Prozent in einer engen Abgrenzung. Zum Erfolg von Clustern kann auch die Politik ihren Beitrag leisten. Diese Zusammenhänge werden im folgenden Abschnitt beleuchtet.

8 Grömling/Lichtblau, 2006, S. 64.

	Weite Abgrenzung[2]	Enge Abgrenzung[2]
	Beschäftigungsentwicklung 2000–2005, in Prozent	
Kreise mit Clustern[1]	–5,4	–4,8
Kreise ohne Cluster	–7,6	–6,9
Differenz (Prozentpunkte)	2,2	2,1
	Anzahl der Kreise	
Kreise mit Clustern	291	102
Kreise ohne Cluster	148	337
Erfolgreiche Cluster[3]	60 Prozent	72 Prozent

[1] Kreise mit Clustern: Kreise mit mindestens einem Cluster in einer Branche des Verarbeitenden Gewerbes im Ausgangsjahr 2000;
[2] Weite Abgrenzung: Mindestgröße des Clusters 0,1 Prozent der bundesweiten Branchenbeschäftigung; enge Abgrenzung: Mindestgröße des Clusters 1 Prozent der bundesweiten Branchenbeschäftigung;
[3] Erfolgreiche Cluster: Anteil der Kreise mit einer besseren Beschäftigungsentwicklung als die Vergleichsgruppe der Kreise ohne Cluster.

Quelle: IW Consult

Tabelle 2: Beschäftigungsentwicklung in Kreisen mit und ohne industrielle Cluster

4 Strategieoptionen für die deutsche Industrie

Vorleistungsverbund und Clusterbildung können als Erfolgsrezept für den Industriestandort Deutschland angesehen werden. Die Politik kann dazu in zweierlei Weise unterstützend wirken – durch eine allgemeine Standortpolitik sowie durch eine zielgerichtete Industriepolitik. Die nationale sowie die internationale Arbeitsteilung dürfen dabei nicht verzerrt werden.

Diese Maßgabe ist im Hinblick auf die Standortpolitik leicht zu erfüllen. Ausgehend vom Befund unzureichender Angebotsbedingungen in Deutschland tragen die Maßnahmen im Rahmen dieser Strategie zu einer Stärkung des Standorts bei. Das Institut der deutschen Wirtschaft Köln hat dazu eine Reformagenda entwickelt, die vier Wachstumsfaktoren umfasst:[9]

- **Wachstumsfaktor Investitionen**
  Investitionen sind in hohem Maße von der Qualität des Standorts abhängig. Um die Attraktivität Deutschlands für Unternehmen zu steigern, müssen in erster Linie die Steuern und Abgaben auf ein international konkurrenzfähiges Niveau gebracht werden. Öffentliche Investitionsausgaben sind komplementär zu privaten Investitionen. Ihre Erhöhung kann durch eine Verringerung des Staatskonsums erreicht werden. Ein systematischer Bürokratieabbau ohne Rücksicht auf alte Zöpfe leistet ebenfalls einen wichtigen Beitrag zur Verbesserung der Standortqualität.
- **Wachstumsfaktor Beschäftigung**
  Zum Zweck der Beschäftigungsregulierung ist zunächst einmal eine zurückhaltende Lohnpolitik erforderlich, die Erhöhungen unterhalb der Produktivitätssteigerungen vorsieht. Die Beschäftigungsbremse tariflicher und gesetzlicher Mindestlöhne sowie einer großzügigen Ausgestaltung des Kündigungsschutzes sollte gelockert werden.
- **Wachstumsfaktor Humankapital**
  Die Wissensintensivierung im Wertschöpfungsprozess erfordert mehr qualifizierte Arbeitskräfte. Maßnahmen setzen bereits im Bereich der frühkindlichen Bildung an und reichen über den Ausbau des Angebots an Ganztagsschulen hin zu wettbewerbsfähigen und im Wettbewerb stehenden Hochschulen. Die Exzellenzinitiative der amtierenden Bundesregierung kann als ein erster Schritt auf dem Weg zu autonomen Hochschulen angesehen werden, die über Qualität und Kosten ihrer Ausbildung selbst bestimmen.
- **Wachstumsfaktor Staatshaushalt**
  Das Grundübel einer überbordenden Staatsverschuldung besteht in einer hohen Steuerlast. Eine Konsolidierung der Staatshaushalte über die Erhebung von Steuern erscheint daher wenig zielführend. Die Staatsschuld sollte über die Senkung von – insbesondere konsumtiv verwendeten – Ausgaben reduziert werden. Die erfolgversprechendste Maßnahme zur Konsolidierung der Länderhaushalte besteht darin, die Anreize zur Verschuldung zu verringern, die im derzeitigen System des Länderfinanzausgleichs extrem ausgeprägt sind.

9 Vgl. Institut der deutschen Wirtschaft (Hrsg.): Vision Deutschland – Der Wohlstand hat Zukunft, Köln 2005.

Während die Maßnahmen der Standortpolitik auf eine Verbesserung der allgemeinen ökonomischen Rahmenbedingungen abstellen, zielt die Industriepolitik auf die Unterstützung regionaler Strukturen. Im Gegensatz zum landläufigen Verständnis des Begriffs Industriepolitik geht es nicht darum, Wirtschaftsstrukturen durch Förderung zu verzerren, um regionale oder nationale Champions hervorzubringen. Stattdessen werden öffentliche Investitionen durchgeführt, die komplementär zu den privaten Investitionen der Unternehmen wirken und regionale Cluster gezielt unterstützen. So umfasst eine richtig verstandene Industriepolitik die Bereitstellung hoch spezifizierter Ressourcen und Infrastruktureinrichtungen. Dazu gehören maßgeschneiderte Ausbildungsgänge, speziell an die Anforderungen der Unternehmen einer Region angepasste Fachbereiche an Hochschulen sowie Fachhochschulen oder Forschungsinstitute. Weitere Beispiele sind Gewerbe- oder Gründerzentren mit spezifischen Schwerpunkten, spezielle Verkehrs- und Infrastruktureinrichtungen oder besondere Beratungs- und Informationstätigkeiten, die sich auf ausgewählte Teile der Wirtschaft einer Region beziehen.

Technisch ausgedrückt zielt eine regionale Industriepolitik darauf ab, öffentliche Güter bereitzustellen und positive externe Effekte zu generieren. Ein solches Maßnahmenbündel ist zwar allokationsneutral, aber nicht verteilungsneutral. Daher müssen auch diese Maßnahmen einem strengen Begründungszwang unterliegen. Nur dann kann eine solche gezielte Steuerung vertreten werden.

5 Fazit

Die Industrie in Deutschland ist kein Auslaufmodell. Insbesondere unter Einbeziehung industrienaher Dienstleistungen kann von einem Bedeutungsverlust des Industriesektors nicht die Rede sein, auch wenn verschiedene Kenngrößen dies auf den ersten Blick nahe legen. Der zukünftige Erfolg von Industrieregionen steht in einem engen Zusammenhang mit der Herausbildung von Clusterstrukturen. Diese Entwicklung kann durch die Politik auf zweierlei Weise unterstützt werden. Eine ordnungspolitisch ausgerichtete Standortpolitik verbessert die ökonomischen Rahmenbedingungen, in denen Unternehmen agieren. Sie wird ergänzt durch eine regional ausgerichtete Industriepolitik, in deren Rahmen komplementäre öffentliche Investitionen durchgeführt werden, ohne die nationale und internationale Arbeitsteilung zu verzerren.

Deutschland braucht den Mut zur Veränderung

von Prof. Dr. h.c. Lothar Späth

Wer heute eine Schlagzeile über den dramatischen Stellenabbau sucht, der wird schnell fündig. Viele Menschen fühlen sich verunsichert und fürchten, dass sie die nächsten sind. Als Verursacher wird schnell der Globalisierungsprozess ausgemacht. Und während die Beschäftigung im Handels- und Dienstleistungsbereich per Saldo wächst, nimmt der Arbeitsplatzabbau im Produktionssektor dramatische Formen an.

Blicken wir kurz in die Geschichte: Im Rahmen der Schaffung des europäischen Binnenmarkts haben Fachleute schon früh darauf hingewiesen, dass der gemeinsame Markt zu Skaleneffekten bei der industriellen Großfertigung führen werde und dass mit den sich ergebenden großen Wachstumschancen auch gewaltige Veränderungen auf dem europäischen Arbeitsmarkt stattfinden müssten. Man war sich aber klar, dass dieses Problem trotz großer Einkommens- und vor allem Lohnunterschiede im einfachen Produktionsbereich zu bewältigen war. Inzwischen hat sich gezeigt, dass die zum Beispiel im sogenannten Cecchini-Bericht[10] vorausgesagten Entwicklungen eingetreten sind.

Ein sichtbarer Ansatz, der allen Beteiligten Dynamik und Wachstum gebracht hat – sowohl in Hochlohnländern wie Deutschland als auch in Niedriglohnländern wie zum Beispiel Irland und Portugal – war das Outsourcing. Der Aufbau von Zulieferstrukturen innerhalb eines Firmenverbunds oder die Nutzung von preisgünstigen Einkaufsmöglichkeiten bei Zulieferern oder Dienstleistern ist mit dem Ziel verknüpft, lohnintensive Produkte dort herzustellen, wo sie im Binnenmarkt am günstigsten zu produzieren sind. Die großen europäischen Konzerne mit ihren Zuliefernetzen haben die Arbeitsteilung und die zunehmenden Outsourcingchancen in allen EU-Ländern schnell aktiv genutzt. Und viele Mittelständler folgten ihrem Beispiel.

10 Cecchini, Paolo/Catinat, Michel/Jacquemin, Alexis: Europa ’92. Cecchini-Bericht. Der Vorteil des Binnenmarkts, Baden-Baden 1988.

Schwieriger wurden die Dinge für Deutschland durch die Wiedervereinigung, die politisch überaus erfolgreich verlief, aber wirtschaftlich gewaltige Probleme auslöste. Nicht nur die öffentliche Hand konzentrierte sich auf die Integration der neuen Bundesländer und den Ausbau der Infrastruktur (mit den Folgen einer rasch wachsenden Staatsverschuldung), sondern auch eine große Zahl mittlerer und kleinerer Unternehmen halfen mit, dem Zusammenbruch der Wirtschaft im Osten entgegenzuwirken. Auch hier spielte das Outsourcing eine große Rolle. Denn unter Nutzung günstiger Arbeitskosten und hoher Subventionen wurden Produktionen, vor allem solche mit niedriger Wertschöpfung, von West nach Ost verlegt. Gleichzeitig wanderten viele qualifizierte, vor allem junge Arbeitskräfte auf den Arbeitsmarkt der alten Bundesländer.

Noch während diese Entwicklung die Kräfte vor allem der mittelständischen Produktionsunternehmen band, öffnete sich der osteuropäische Markt durch die vereinbarte EU-Erweiterung. Nun entstand nochmals eine völlig veränderte Arbeitsmarktstruktur in Europa. Der Unterschied zwischen hohen und niedrigen Löhnen erreichte eine ganz andere Dimension als noch in der EU vor der Ost-Erweiterung, wie Hans-Werner Sinn in seinem Buch »Basar-Ökonomie«[11] deutlich macht. Im Durchschnitt lagen die spanischen und portugiesischen Löhne beim Beitritt dieser Länder zur EU bereits bei 50 Prozent der westdeutschen Löhne. Heute steht Westdeutschland mit Lohnkosten von 27 Euro pro Stunde in Konkurrenz zu Polen mit Lohnkosten von knapp über drei Euro pro Stunde. In Rumänien und Bulgarien liegen sie bei ein bis zwei Euro. Als die neuen Bundesländer also gerade auf dem Weg waren, ein interessanter und kostengünstiger Standort zu werden – mit Lohnkosten um 30 bis 40 Prozent unter den alten Bundesländern – erwachte in Mittel- und Osteuropa eine gewaltige Konkurrenz. Und während alle auf die Probleme mit den niedrigen Löhnen sowie die damit verbundenen Gefahren einer großen Ost-West-Wanderungsbewegung starrten, entdeckten die Investoren rasch, dass ein europäischer Arbeitsmarkt nicht so sehr durch die Wanderung der Menschen entstand, sondern durch die Flexibilität des Kapitals. Und wieder begann der Outsourcingprozess zum einen innerhalb der großen Unternehmen, zum anderen durch das rasche Entstehen preiswerter Dienstleister und Zulieferer. Beispielhaft hierfür ist die Autoindustrie mit der Ansiedlung von Volkswagen in Tschechien und der Slowakei, der Ansiedlung von Audi in Ungarn und der Ansiedlung von Porsche in der Slowakei.

11 Sinn, Hans-Werner: Die Basar-Ökonomie, Berlin 2005.

Und nun wird diese ganze Entwicklung von der Globalisierungswelle nochmals überrollt. Dabei lässt die Revolution in der Informationstechnologie und der weltweiten Logistik, zumindest für die großen Investoren, die Nutzung des weltweiten Arbeitsmarktes zu. Gabor Steingart legt in seinem Buch »Weltkrieg um Wohlstand«[12] dar, dass die Globalisierungsprozesse zur Entstehung eines Weltarbeitsmarkts führen, und er zeigt, dass sich ein neues Wirtschaftssystem herausbildet, das ausnahmslos alle Produktionsfaktoren umfasst – Kapital, Rohstoffe und menschliche Arbeitskraft.

Etwa 2,5 Milliarden Neuankömmlinge auf dem Weltarbeitsmarkt blicken optimistisch und hochmotiviert in die Zukunft. Dagegen müssen wir in den hochindustrialisierten Ländern Westeuropas eine ganz andere Lektion lernen: Wir müssen eine geraume Zeit ohne sichtbare Verbesserung unserer Einkommenssituation leben und gleichzeitig versuchen, durch Restrukturierung und vor allem durch Innovationen wieder in die Spitzengruppe der neuen Wissensgesellschaft zu gelangen.

Kleinmut hilft nicht weiter

Nun ist ja in den letzten Jahren viel über die unabwendbare Krise in Europa und vor allem in Deutschland geschrieben und geredet worden. Wer die Schlagzeilen von 2005 und auch noch der ersten Jahreshälfte 2006 las, könnte wirklich meinen, wir seien ausnahmslos dem Untergang geweiht: Bis 2009 will Volkswagen rund 20.000 Stellen streichen. Der Konkurrent Daimler-Chrysler gibt sich mit 3.600 zufrieden. Die frisch vermählte Bayer-Schering AG sieht bis 2008 eine Reduzierung des Personals um 6.000, die Allianz um 5.000, die Dresdner Bank um 2.480 Mitarbeiter vor. Rekordhalter bei unseren Nachbarn ist die France Telekom. Sie will innerhalb der nächsten zwei Jahre 17.000 Arbeitsplätze abbauen.

Aber während wir über den verschiedenen Untergangsszenarien brüten, ändern sich die Schlagzeilen. Und was zuerst internationale Beobachter feststellten, merken wir nun auch selbst: mit Deutschland geht es aufwärts.

Unser Arbeitsmarkt ist flexibel geworden. 6,5 Millionen 400-Euro-Jobs in fünf Jahren. Die Zahl der Teilzeitbeschäftigten stieg zwischen 2002 und 2005 um

12 Steingart, Gabor: Weltkrieg um Wohlstand. Wie Macht und Reichtum neu verteilt werden, 4. Auflage, München 2006.

14 Prozent. Der Mittelstand hat die 40-Stunden-Woche ohne Lohnausgleich und Jahresarbeitszeitmodelle längst an den Tarifpartnern vorbei eingeführt und die Selbstständigen, beispielsweise Taxifahrer oder Ärzte, arbeiten für die gleiche Geldsumme länger als vor einigen Jahren. Zeitarbeitsfirmen werden zur Jobmaschine. Während um die Lockerung des Kündigungsschutzes gestritten wird, löst die Zwischenschaltung von Zeitarbeitsfirmen mittlerweile große Teile der Flexibilitätsprobleme. Im Jahr 2006 lag die Zahl der Zeitarbeiter schon zwischen einer halben und einer Million. Und davon werden etwa 30 Prozent nach einer Übergangszeit in dauerhafte Arbeitsverhältnisse übernommen.

Das könnte man nun alles mit dem Hinweis abtun, hier handele es sich nicht um nachhaltig wirksame Verbesserungen. Aber im Jahr 2006 ist erstmals wieder die Zahl der sozialversicherungspflichtigen Vollzeitarbeitsplätze gestiegen. Die Arbeitslosigkeit hat real abgenommen und die wachsende Zahl der offenen Stellen, die aus der großen Zahl von knapp vier Millionen Arbeitslosen nicht besetzt werden kann, etwa im Ingenieurbereich, zeigt, dass der Wandel im Gang ist und dass wir uns nicht mehr nur den kurzfristigen Flexibilitätsproblemen, sondern der strukturellen Veränderung der Arbeitskräftenachfrage widmen müssen.

Die Steuereinnahmen sind, auch ohne die Steuererhöhungen, höher als erwartet. Die Bundesagentur für Arbeit macht Milliardenüberschüsse und Deutschland ist wettbewerbsfähiger geworden, und zwar durch eigene Anstrengungen. Angesichts der relativ geringen Lohnsteigerungen und der gleichzeitig gestiegenen Produktivität sind beispielsweise die Lohnstückkosten bei Deutschlands Automobilzulieferern seit dem Jahr 2000 um fast zehn Prozent gesunken. Sicherlich, in Osteuropa sind die Löhne auf lange Zeit immer noch deutlich niedriger. Doch etwa in Tschechien und der Slowakei steigen sie bereits deutlich an. Laut Europäischem Tarifbericht 2006[13] hinken die Löhne in Deutschland der europäischen Entwicklung sogar hinterher. Für 2006 wird eine Lohnkostensteigerung in Deutschland von etwa 0,8 Prozent angenommen. Im EU-Durchschnitt steigen die Lohnkosten mit zirka 2,8 Prozent mehr als dreimal so schnell wie in der Bundesrepublik.

Wir sind wieder Weltmeister beim Export. Und auch die Erträge vieler mittelständischer Unternehmen fallen höher aus und werden sofort in in- und ausländische Investitionen gesteckt.

13 Schulten, Thorsten: Europäischer Tarifbericht des WSI – 2005/2006, in: WSI-Mitteilungen Nr. 7/2006, S. 365–373.

Also Licht am Ende des Tunnels? Ja, aber nur solange, wie wir das tun, was Menschen tun, die beim mühsamen Weg durch einen langen, dunklen Tunnel weit entfernt das Licht erkennen: Sie wissen, dass sie auf dem richtigen Weg sind, und verstärken deshalb ihre Anstrengungen, um den Tunnelausgang so schnell wie möglich zu erreichen.

Es liegt ein beschwerlicher Weg vor uns. Wir wissen, dass wir ein gewaltiges Pensum zu bewältigen haben. So sind wir etwa bei der Flexibilisierung des Arbeitsmarktes vorangekommen. Aber vor allem der Bürokratieabbau, über dessen Notwendigkeit niemand Zweifel äußert, muss sehr viel schneller und wirksamer erfolgen. Im Grunde brauchen wir einfach weniger Staat und mehr Unternehmer. Wir wissen auch, dass unsere erfolgreichen Unternehmen, große und kleine, immer internationaler werden müssen. Dabei werden wir noch viele Arbeitsplätze durch den internationalen Standortwettbewerb verlieren. Gleichzeitig müssen wir Arbeitsplätze mit hoher Wertschöpfung, durch die Ideen und Kreativität in Verfahren und Produkte umgesetzt werden, neu gewinnen. Deshalb muss der Staat – Bund, Länder und Gemeinden – seine Anstrengungen in Bildung, Wissenschaft und im Forschungsbereich gewaltig steigern und dafür viele Dienstleistungsaufgaben der Privatwirtschaft überlassen, die sie besser und preiswerter lösen kann. Die deutsche Wirtschaft muss auf den Weltmärkten, die zunehmend integriert werden, eine aktive Rolle spielen können. Um dort erfolgreich zu sein, müssen die großen Unternehmen immer mehr Produkt- und Serviceleistungen weltweit erbringen und dürfen nicht als vaterlandslose Gesellen beschimpft werden. Sie müssen schließlich weltweit Geld verdienen, um die notwendigen hohen Investitionen in Forschung und Entwicklung finanzieren zu können. Weltweite Netzwerke, die den Erfindungsreichtum und die Gestaltungskraft der Deutschen auf die Märkte bringen, machen es allein möglich, dass wir die gesamte Tunnelstrecke bald hinter uns bringen.

Eine dichte Wissens- und Forschungslandschaft muss dafür sorgen, dass neue Unternehmen entstehen und bestehende den Rohstoff Wissen immer wieder neu erwerben können. Wir sind schon heute das Land, das mit Hilfe innovativer und preiswerter Zutaten aus aller Herren Länder Nischenprodukte herstellt und Dienstleistungen anbietet, die unsere Zukunft sichern können. Hier muss aber noch mehr Offenheit und Bewegung entstehen. Nicht die Größe entscheidet, sondern das Tempo. Zum Tempo gehört in einer guten Mannschaft auch die richtige Arbeitsteilung, Stürmer und Verteidiger, Strategen und Macher und über aller arbeitsteiligen Organisation muss Motivation und Begeisterungsfähigkeit die neuen Spielideen umsetzen, so wie wir das bei der deutschen Fußball-

Nationalmannschaft und ihrem Trainer Jürgen Klinsmann im vergangenen Jahr erlebt haben.

Die größte Gefahr ist, wenn wir jetzt, nachdem das Licht am Ende des Tunnels sichtbar wird, in Träumereien über die Frage verfallen, was wir, wenn wir wieder im Sonnenschein sitzen, alles machen könnten. Jetzt ist ein hohes Marschtempo auf dem Weg zum gemeinsamen Ziel gefragt.

Wer hat Angst vor ... Outsourcing?

von Dr. Stephan Scholtissek

Die Debatte über die Wettbewerbsfähigkeit des Standorts Deutschland ist von zahlreichen Widersprüchen und auch Fehleinschätzungen geprägt. Obwohl die Wirtschaft hierzulande mit strikten Regulierungen auf dem Arbeitsmarkt sowie mit hohen bürokratischen Hürden zu kämpfen hat und die öffentlichen Haushalte in Geldnöten stecken, wird Deutschland im *Global Competitiveness Report 2006* des Genfer Weltwirtschaftsforums (WEF)[14] auf Platz acht eingestuft. Ein Grund hierfür ist unter anderem die Innovationsfreudigkeit deutscher Unternehmen, die Bereitschaft neue Wege zu gehen und sich globalisierten Standards anzupassen. Anders formuliert: Wären auch andere Bereiche der deutschen Gesellschaft so innovativ wie die Wirtschaft, stünde Deutschland im internationalen Vergleich noch besser da.

Pikanterweise sind es aber gerade die in der Wirtschaft vorangetriebenen Modernisierungsmaßnahmen, die in der öffentlichen Debatte häufig als Gefährdungen für den Standort Deutschland dargestellt werden. Diese öffentliche Meinung entwickelt sich selbst zu einem den Fortschritt bremsenden und die Zukunftsfähigkeit Deutschlands belastenden Faktor. So stärkt zum Beispiel, allen Unkenrufen und Mythen zum Trotz, lokales und globales Sourcing den Standort Deutschland. Es ist daher an der Zeit, eine Reihe von Sachverhalten zum Thema Wirtschaft und Outsourcing stärker an den Tatsachen orientiert zu diskutieren. Hierzu möchte dieses Kapitel einen Beitrag leisten.

Mythos 1: »Der Mittelstand ist das alleinige Rückgrat der deutschen Wirtschaft.«

»Die großen Konzerne verfolgen Wachstumsstrategien auf Kosten von Arbeitsplätzen, verlagern Produktionsstätten ins Ausland und stehlen sich somit aus der wirtschaftlichen und sozialen Verantwortung.« So oder so ähnlich wird häufig die Rolle der großen Unternehmen in Deutschland charakterisiert. Ihnen wird

14 Porter, Michael E./Schwab, Klaus/Lopez-Claros, Augusto (Eds.): The Global Competitiveness Report 2006–2007, Houndmills, Basingstoke, Hampshire; New York 2006.

vorgeworfen, große Profite zulasten der deutschen Volkswirtschaft zu generieren, während der Mittelstand als »Jobmotor« gepriesen wird.

Accenture hat die Rolle der großen Konzerne für die deutsche Wirtschaft untersucht und kommt zu folgendem Ergebnis: Tatsächlich sind die 500 größten deutschen Unternehmen in den letzten Jahren überdurchschnittlich gewachsen. Während alle deutschen Unternehmen insgesamt zwischen 1994 und 2004 ein Umsatzwachstum von 30 Prozent verzeichnen konnten, legten die Großunternehmen um mehr als 64 Prozent zu. Ihre Dynamik strahlt auf die gesamte Wirtschaft aus. So zeichnen Großunternehmen für etwa 60 Prozent aller im Land getätigten IT-Investitionen verantwortlich. Ihr Anteil an den Gesamtausgaben für Forschung und Entwicklung liegt nach konservativen Schätzungen bei 70 Prozent. Anders formuliert: Ohne »die Großen« gäbe es weniger »Kleine«, ohne die Großunternehmen weniger Mittelstand. Die Bedeutung der Großunternehmen für die deutsche Wirtschaft ist also größer als gemeinhin angenommen. Die nachfolgende Abbildung 9 verdeutlicht nochmals, wie überdurchschnittlich stark die 500 größten deutschen Unternehmen zum Wachstum der Wirtschaft beitragen.

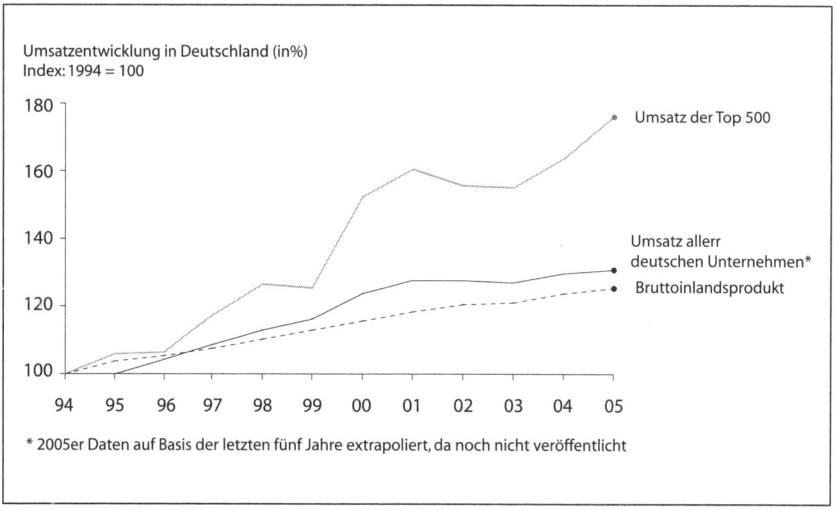

Quelle: Accenture

Abbildung 9: Umsatzentwicklung deutscher Unternehmen zwischen 1994 und 2005

Mythos 2: »Profitmaximierung der Großunternehmen vernichtet Arbeitsplätze.«

Eine Ursache für die Kritik an deutschen Konzernen ist in ihrem, am Umsatz gemessen, relativ niedrigen Beschäftigungseffekt zu sehen. Angesichts eines Anteils von ungefähr 30 Prozent am Umsatz aller deutschen Unternehmen ist der Beschäftigungsanteil der Top 500 mit 13 Prozent auf den ersten Blick nicht besonders hoch. Interessant ist allerdings die Beschäftigungswirkung ihrer Tätigkeit. So haben die erfolgreichsten 20 Prozent der Top-500-Unternehmen – für die die entsprechenden Daten verfügbar waren – neben ihrem starken Wachstum im In- und Ausland neue Arbeitsplätze in Deutschland geschaffen: Sie konnten im Zeitraum 2000 bis 2004 ein Umsatzwachstum von insgesamt rund elf Prozent pro Jahr realisieren und haben in dieser Zeit ihre Belegschaften in Deutschland um sechs Prozent pro Jahr aufgestockt.

Zum Vergleich: Die restlichen 80 Prozent der Top 500 konnten im Untersuchungszeitraum nur durchschnittlich 2,5 Prozent Umsatzwachstum generieren und bauten ihre Belegschaften sogar um 0,7 Prozent pro Jahr ab. Das Engagement der Top-Unternehmen am Standort Deutschland ist keineswegs nur reinem Patriotismus zuzuschreiben, sondern basiert überwiegend auf ökonomischen Überlegungen: Die Top-Unternehmen haben verstanden, dass Investitionen am Stammsitz die Basis für überproportionales Wachstum auf den Auslandsmärkten darstellen und sich lohnen. Die deutschen Standorte dienen ihnen als Quellen der Innovationsfähigkeit. Zugleich steigert Auslandswachstum wiederum die Investitionskraft im Inland. Auch inländische Zukäufe und Übernahmen sind als Bekenntnis zum Standort Deutschland zu werten.

Profitables Wachstum und Beschäftigungszuwachs in Deutschland sind damit kein Widerspruch: Die »Besten der Besten« expandieren sowohl im Aus- als auch im Inland, schaffen hierdurch Ergebnissteigerungen und Inlandsarbeitsplätze. Sie sind damit aktive Zukunftsgestalter des Standorts Deutschland.

Mythos 3: »Outsourcing vernichtet Arbeitsplätze im Inland.«

Die Vorstellung, dass Outsourcing – auch ins Ausland – lediglich ein Mittel zum Arbeitsplatzabbau ist, war schon immer falsch. Diese Definition greift zu kurz. Am Beispiel der Automobilindustrie wird deutlich, dass – wenn es richtig gemacht wird – weitere Arbeitsplätze durch Outsourcing entstehen.

Als die Branche Mitte der 90er-Jahre mit der Auslagerung von Fertigungsprozessen begann und auch Arbeitsplätze ins Ausland verlagerte, wurde dies in der medialen Öffentlichkeit als Arbeitsplatzvernichtung und vaterlandslose Profitmaximierungsstrategie gebrandmarkt. Zehn Jahre später ist diese Kritik widerlegt. Die Daten des Statistischen Bundesamtes sprechen eine deutliche Sprache: Seit 1995 wurden in der deutschen Automobilindustrie netto mehr als 111.000 neue Arbeitsplätze geschaffen; davon rund 33.000 bei den Herstellern und etwa 78.000 bei den Zulieferbetrieben. Abbildung 10 zeigt den positiven Einfluss der Fertigungstiefenreduktion – also des Produktionsoutsourcings – auf die Entwicklung der Arbeitsplätze.

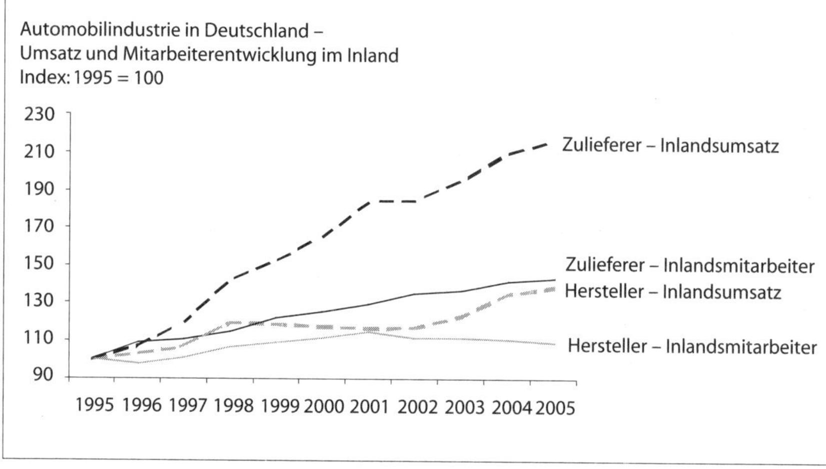

Quelle: Statistisches Bundesamt, VDA, 2004, 2005

Abbildung 10: Umsatz- und Mitarbeiterentwicklung in der deutschen Automobilindustrie

Der Schlüssel zu diesem Erfolg ist in der Art und Weise zu sehen, warum und wozu das Outsourcing betrieben wurde. Während Automobilhersteller in den USA ihre Fertigungstiefenreduktion in derselben Zeit vor allem zur Kostensenkung nutzten, wurde in Deutschland der Schwerpunkt auf die Entwicklung von Unternehmenspartnerschaften und auf Innovation gelegt. Mit Erfolg: Nicht zu Unrecht stehen die deutsche Automobilbranche und ihre Zulieferer heute wesentlich besser da als ihre amerikanischen Wettbewerber.

Fakt ist: Die Reduktion der Fertigungstiefe *kann* – wenn eindimensional und ausschließlich kostenorientiert betrieben – durchaus zur Vernichtung von Inlandsarbeitsplätzen führen. Wenn sie hingegen innovativ eingesetzt wird, schafft sie Vorteile von betriebswirtschaftlicher wie volkswirtschaftlicher Bedeutung und stärkt letztlich den Standort.

Mythos 4: »Outsourcing ist vor allem ein IT-Thema.«

Die Innovationsschübe der vergangenen Jahrzehnte haben die Produktionsprozesse in den Unternehmen und Betrieben soweit vorangebracht, dass in produzierenden Bereichen Verbesserungen immer schwieriger zu erreichen sind. Heute ist es an der Zeit, bei Verwaltungsprozessen die gleichen Überlegungen anzustellen wie vor 15 Jahren bei den Produktionsprozessen.

Diese notwendigen Innovationen in der Verwaltung erfordern ein grundlegendes Umdenken sowie die Bereitschaft, traditionelle Strukturen und Organisationsformen aufzubrechen. Um Prozessinnovation erfolgreich zu realisieren, muss in der Regel externes Verwaltungs-Know-how erschlossen werden. Dazu müssen sich Unternehmen für eine echte Zusammenarbeit mit spezialisierten Dienstleistern öffnen – ganz so, wie es bei der Fertigungsverlagerung ganzer Baugruppen geschah.

Die Kooperationen mit externen Dienstleistern umfassen alle dienstleistenden und verwaltenden Prozesse. Neben IT sind es auch Customer-Relationship-Management-, Personal-, Finanz- und Logistikaufgaben, die von Dritten übernommen werden können. De facto findet heute im angelsächsischen Raum Outsourcing bereits in allen diesen Prozessen statt.

Mythos 5: »Outsourcing ist vor allem ein operatives Thema.«

Welche Bereiche ausgelagert werden können, sollen oder müssen, ist jeweils von der unternehmensspezifischen Situation, der Kernkompetenz eines Unternehmens sowie von seiner Strategie abhängig. Die Regel lautet hier: Outgesourct werden kann alles, was keinen komparativen Wettbewerbsvorteil darstellt und gleichzeitig keine Kernkompetenz des Unternehmens ist. Mit dieser Regel wird klar, dass Outsourcing die direkte Konsequenz aus einer der wichtigsten unternehmerischen Entscheidungen ist. Damit ist die Frage, *ob* ein Prozess outgesourct wird, eine zentrale Frage für den Vorstandsvorsitzenden und seinen Finanzvorstand. Lediglich das *wie* outgesourct wird, kann dann delegiert werden.

So schwarz-weiß, wie gerade diskutiert werden musste, um den Punkt zu machen, ist die Welt in Unternehmen dann doch nicht. Wie grundsätzlich im Einkauf von Dienstleistungen, so gibt es auch beim Outsourcing nicht nur *ein* Sourcingmodell. Vielmehr existieren für nahezu jeden Prozess Kooperations- und Sourcingmodelle. Je nach Grad der angestrebten Fremdvergabe von Ressourcen und Verantwortung bieten sich *vier* zentrale Sourcing-Optionen an.

- Zum »Insourcing« kommt es in der Regel dann, wenn auch Kerngeschäft vergeben oder neu definiert wurde. Ziel ist es, die volle operationale Verantwortung für diese Bereiche im Unternehmen zu halten. Damit sollen die Prozesse, die mit der Kernkompetenz des Unternehmens eng verbunden sind und einen hohen Beitrag zum Unternehmenserfolg leisten, (wieder) in die Unternehmen (zurück)geholt werden.
- Beim »Buy-in« werden externe Ressourcen eingekauft mit dem Ziel, in zentralen Bereichen die Potenziale für eine interne Optimierung des Geschäftserfolgs auszuschöpfen. Somit wächst die strategische Rolle des externen Dienstleisters. Er begleitet und gestaltet aufgrund seines speziellen Knowhows das Management von Veränderungsprozessen oder das Training und Coaching von Mitarbeitern und Führungskräften.
- Im »Contracting-out« übernimmt ein externer Anbieter operationale Verantwortung für bereits effizient organisierte Bereiche, die jedoch nur wenig zum Unternehmenserfolg beitragen, aber durchaus Potenziale für Drittgeschäfte bergen. Die Ressourcen stammen weiterhin aus dem eigenen Unternehmen. Die strategische Partnerschaft zwischen dem Unternehmen und dem externen Partner ist auf einen längeren Zeitraum ausgelegt und wird in der Regel durch einen Managementvertrag oder aber durch einen gemeinsamen juristischen Rahmen (eine strategische Allianz oder ein Joint Venture) geregelt.
- Beim »Outsourcing« übernimmt der Partner nicht nur die operationale Verantwortung, sondern stellt auch die dazu notwendigen Ressourcen, um diese bislang weniger effiziente und auch für den Geschäftserfolg nicht entscheidende Funktion eigenständig zu übernehmen. Dieses Modell findet beispielsweise Anwendung beim Betrieb von EDV-Infrastrukturen (IT-Outsourcing, ITO), in der Wartung einzelner Applikationen (Application Management, AM) oder aber in Bereichen wie dem Rechnungswesen oder der Gehaltsabrechnung (Business Process Outsourcing, BPO).

Mythos 6: »Outsourcing dient nur der Kostensenkung.«

Schon das bereits aufgeführte Beispiel der deutschen Automobilindustrie veranschaulicht eindrucksvoll, dass Prozessauslagerung nicht nur der Maxime der Kostenreduktion folgen sollte, sondern gleichzeitig Innovation und Wachstum generieren kann.

Ein weiteres Beispiel für diesen Doppeleffekt von Outsourcing ist die Caixa Catalunya. Nach einer Umstrukturierung ihres IT-Bereichs durch Accenture war die spanische Sparkasse in der Lage, Produkte schneller und zu niedrigeren Kosten einzuführen, neue Vertriebskanäle zeitnah aufzubauen und ihre Wertpapierabteilung vollständig technologisch zu erneuern. In der Folge konnte die Caixa Catalunya ihre Wettbewerber übertreffen und im gleichen Zeitraum – durch Konzentration auf das Kerngeschäft – fast zweimal so stark wachsen wie der Industriedurchschnitt.

Welche Effekte Outsourcing hat, ist abhängig von der strategischen Entscheidung des Unternehmens. Wer lediglich mit dem Ziel outsourct, Kosten zu reduzieren, wird keine Wachstumspotenziale erschließen können. Dies gelingt nur, wenn Outsourcing als Katalysator für Innovation verstanden wird und dieses Verständnis in die Realität umgesetzt wird.

Mythos 7: »Outsourcing kann den Unternehmenswert nicht steigern.«

Auch die Ansicht, dass Outsourcing den Unternehmenswert nicht steigern kann, wird durch die Praxis als Mythos entlarvt. Outsourcing verfolgt das Ziel, die in einem Unternehmen anfallenden Sekundärkosten zu reduzieren. Hierdurch wird eine Reduktion der Gesamtkosten erreicht. Die so erzielte Verbesserung der EBIT-Marge übersetzt sich in eine beträchtliche Steigerung des Marktwerts. Sogar bei einer negativen Reaktion des Kapitalmarkts auf die Outsourcing-Entscheidung ist mit einer Steigerung des Unternehmenswerts zu rechnen.

Exemplarisch ist dies am Beispiel eines Energieversorgers mit angenommenen Gesamtkosten von 30 Milliarden Euro nachvollziehbar. Von typischen 20 Prozent Sekundärkosten könnte ein solcher Energieversorger etwa 60 Prozent outsourcen. Spart das Unternehmen durch den Outsourcing-Deal nur rund 16 Prozent der fremd vergebenen Kosten ein, entspräche dies einer Summe von 600 Millionen Euro oder zwei Prozent der Gesamtkosten. Legt man nun – konservativ gerechnet – ein Multiple von vier zu Grunde, reden wir über eine Steigerung des Unternehmenswertes von 2,4 Milliarden Euro. Fakt ist: Wenn alle unterstützenden Prozesse outgesourct und diese gleichzeitig innoviert – sprich: effizienter und billiger – werden, lässt sich eine beträchtliche Unternehmenswertsteigerung erreichen

Mythos 8: »Outsourcing senkt das Bruttosozialprodukt.«

Auf Basis der eben beschriebenen wachstumsfördernden Effekte von Outsourcing entbehrt die Aussage, Outsourcing senke das Bruttosozialprodukt, jeder Grundlage. Tatsächlich ist das Gegenteil der Fall.

Mit der Auslagerung von Verwaltungsprozessen und Back-Office-Funktionen sowie deren Optimierung wird das Konzept der Fertigungstiefenreduktion auf die dienstleistenden und verwaltenden Bereiche von Unternehmen übertragen. Diese Entwicklung wird auch die »dritte Revolution der Wertschöpfung« genannt. Sie wird einen Prozess vollenden, den man als das »Kippen der Wertschöpfungskette« bezeichnen kann. Seit Beginn des betriebswirtschaftlichen Arbeitens galt die vollständige Integration aller Unternehmensaufgaben – vom Vertrieb über die Produktion bis hin zu den sie unterstützenden Prozessen – als die selbstverständliche Organisationsform. Die Wirtschaft und damit auch die Wertschöpfung waren vollständig vertikal ausgerichtet. Mit der Entwicklung der mehr oder weniger industriespezifischen Zuliefererbranchen bekam die Volkswirtschaft erste horizontale Züge. Mehr und mehr Glieder der Wertschöpfungskette wurden an externe Unternehmen ausgegliedert. Mit der dritten Revolution werden nun auch die dienstleistenden und verwaltenden Prozesse aus den Unternehmen herausgelöst und an externe und branchenübergreifende Dienstleister abgegeben.

Dieses »Kippen der Wertschöpfungskette« wird zur Entstehung einer neuen Dienstleistungsindustrie führen, die allein in Deutschland ein Marktpotenzial von 250 Milliarden Euro besitzt. Ein Markt also, dessen Volumen über viermal größer ist als der heutige deutsche Markt der Automobil-Zuliefererindustrie. Accenture-Berechnungen zufolge kann eine Wertschöpfungsreserve von 40 Milliarden Euro gehoben werden. Heute werden diese 40 Milliarden Euro in ineffizienten und ineffektiven Verwaltungsprozessen verschwendet. Was könnte mit Investitionen in gleicher Höhe alles erreicht werden …!

Mythos 9: »Outsourcing funktioniert in Deutschland nicht.«

Obwohl die Zurückhaltung deutschsprachiger Unternehmen bei Sourcing-Aktivitäten noch vergleichsweise hoch ist, so hat doch in den letzten Jahren ein Mentalitätswandel stattgefunden. Immer mehr Unternehmen gelangen zu der Erkenntnis, dass die Konzentration auf das Kerngeschäft der Schlüssel zum Erhalt der Wettbewerbsfähigkeit und damit auch zum Erhalt des Standortes ist. Durch die Entwicklung innovativer dienstleistender und verwaltender Prozesse sowie deren Betrieb durch externe Dienstleister schaffen es Unternehmen – selbst in einem Hochlohnland wie Deutschland – kostengünstiger zu produzieren als ein Unternehmen mit ineffizienten Prozessen in einem Niedriglohnland. Outsourcing-Prozesse können somit das Abwandern von Arbeitsplätzen ins Ausland verhindern, vorausgesetzt sie beschränken sich nicht nur auf Kostenreduktion und werden umfassend innoviert und entschieden durchgesetzt.

Bei genauerem Hinsehen gibt es bereits eine Reihe von national und international höchst erfolgreichen deutschen Unternehmen, die mit externen Partnern zusammenarbeiten. Letztendlich sollten wir uns vergegenwärtigen, dass der Standort Deutschland nicht so schlecht ist, wie er gemacht wird, und dass auch hier Outsourcing möglich ist. Allerdings besteht eine große Gefahr in der gegenwärtigen Diskussion: Sind die Unternehmen erst einmal abgewandert, kann der Standort von den Outsourcing-Entscheidungen solcher Unternehmen nicht mehr profitieren.

Zusammenfassung

Mythos und Aberglaube waren von jeher Fortschrittsbremsen, da sie auf scheinbarem oder veraltetem Wissen beruhen oder aber gezielt gegen Modernitätsentwicklungen in Stellung gebracht werden. Nicht nur die Wirtschaftsgeschichte, sondern die Entwicklungsgeschichte der gesamten Menschheit basiert daher auf der Fähigkeit, Wissen zu modernisieren und veraltetes Wissen als »Geschichte« zu den Akten zu legen. Je nachdem, wie zeitnah der Prozess der Wissensaktualisierung und der Trennung von Mythen vonstatten geht, fällt die Entscheidung über die Güte eines Standortes, sei es für die Wirtschaft oder für den menschlichen Fortschritt insgesamt.

Dieser Beitrag verfolgte das Ziel, einige zentrale und die öffentliche Debatte in Deutschland prägende Mythen zum Thema Outsourcing zu entkräften. Die Schlussfolgerungen sind wie folgt zusammenzufassen:

- Die Top 500 und der Mittelstand bilden das Rückgrat der deutschen Wirtschaft.
- Die besten 20 Prozent von ausgewählten Top 500 schaffen durchschnittlich fünf Prozent Umsatzrendite und dabei sechs Prozent Wachstum bei den Inlandsmitarbeitern pro Jahr.
- Outsourcing – richtig angewandt – schafft Arbeitsplätze.
- Outgesourct werden kann alles, was keinen komparativen Wettbewerbsvorteil darstellt und gleichzeitig keine Kernkompetenz des Unternehmens ist.
- Outsourcing ist ein Thema für den Vorstandsvorsitzenden und/oder seinen Finanzvorstand.
- Outsourcing hilft Wachstum zu generieren.
- Outsourcing steigert – richtig angewandt – den Unternehmenswert.
- Outsourcing kann das Bruttosozialprodukt deutlich steigern.
- Outsourcing funktioniert auch in Deutschland.

Der China Code

von Frank Sieren

Epochale Umbrüche haben eine unangenehme Eigenschaft: Sie werden als solche nicht sofort wahrgenommen. Chinas Aufstieg ist ein Beispiel dafür. Während in Deutschland noch immer viele von den alten Zeiten träumen, in denen man sich keine Gedanken darum machen musste, wie man die staatlichen Aufgaben finanziert, ist China dabei, sich und nebenbei die Welt zu verändern. Weil wir uns zu sehr auf uns konzentrieren, uns und den Westen für den Mittelpunkt der Welt halten, unterschätzen wir den chinesischen Aufbruch. Schon heute ist das Reich der Mitte nicht mehr nur die Fabrik der Welt, aus der wir unsere Schuhe, Hemden, Mobiltelefone, Notebooks und Containerschiffe und demnächst sogar den Airbus 320 beziehen. Diese Beschreibung Chinas greift viel zu kurz.

Auch als größter unter den stabilen Wachstumsmärkten der Weltwirtschaft ist Chinas neue Rolle in der Welt nicht umfassend genug beschrieben. Chinas Einfluss auf die Welt geht inzwischen schon viel tiefer und ist erstaunlich. Das Riesenland hat eine eigene Agenda: Es nutzt den marktwirtschaftlichen Wettbewerb, den Motor westlicher Gesellschaften, für seine eigenen, wenn nicht sogar eigensinnigen Zwecke. Während wir daran denken, wie China uns nützt, denken die Chinesen bereits daran, wie sie sich selbst nützen.

Das chinesische Geschäftsmodell

China kann sich das leisten, weil es anders als Deutschland in diesen Zeiten, ein funktionierendes Geschäftsmodell gefunden hat: Es verkauft Marktanteile gegen Technologie- und Know-how-Transfer. Sein Quasimonopol als gigantischer Wachstumsmarkt und günstigster Produktionsstandort erlaubt es Chinas Regierung, die Bedingungen zu bestimmen, zu denen sie ausländische Unternehmen ins Land lässt. Die chinesischen Wirtschaftsplaner haben ein System erfunden, das ich als »Konkubinenwirtschaft« bezeichne. Eine Weltneuheit, die sich sehen lassen kann: Konkurrierende ausländische Konzerne sind gezwungen, Gemeinschaftsunternehmen mit einem chinesischen Mutterkonzern zu bilden. Sie müssen dann um die Gunst des Mutterkonzerns buhlen – wie die Konkubinen um die Gunst des Kaisers.

In vielen weltwirtschaftlich bedeutenden Branchen, wie in der Auto-, Stahl- oder Chemieindustrie, ist dieses System gang und gäbe: Die Chinesen sind in diesem Spiel immer Sieger. Die Ausländer dagegen bleiben im chinesischen Markt stets Zweiter. Da hatten es die Konkubinen noch besser. Sie konnten immerhin Kaiserinmutter werden, wenn es ihnen gelang, dem Kaiser ein Kind zu schenken.

Aber: Ganz so schlimm ist es nicht, zweiter Sieger in einem Markt wie dem chinesischen zu sein. Es kann für Unternehmen sogar durchaus lukrativ sein. Voraussetzung ist allerdings, dass die deutschen Manager flexibel sind und lernen nach Spielregeln zu spielen, die sie selbst nicht aufgestellt haben. Wem das gelingt, der hat hervorragende Erfolgsaussichten. Wenn man jedoch, wie viele deutsche Manager, mit der gleichen Haltung nach China fährt, mit der man in den Jahrzehnten zuvor anderen Entwicklungsländern begegnet ist, dann fällt man mit Sicherheit auf die Nase. Die Zeiten, in denen wir den Chinesen veraltete Technologie oder nur unausgereiftes Know-how andrehen konnten, sind längst vorbei. Ihre Augen leuchten nicht, wenn sie Glasperlen funkeln sehen. Die Chinesen können sich das beste Angebot aussuchen. Schließlich wollen alle in ihrem Land Geschäfte machen. Kluge Unternehmen stellen sich dieser Herausforderung, je früher desto besser, und tun gut daran, ihre neuen Kunden nicht zu unterschätzen. Wer den chinesischen Markt ignoriert, hat auf jeden Fall verloren.

Umverteilung zu Lasten der alten Industrienationen

Während die deutschen Unternehmen trotz aller Probleme große Chancen im chinesischen Markt haben, würde ich den Spielraum der westlichen Staaten in diesem globalen Wandel als gering beurteilen. Während die Unternehmen mit den Märkten ziehen, bleibt der Staat zurück, mit schneller wachsenden Kosten als Einnahmen. Die gegenwärtig zumindest statistisch gestiegenen Arbeitslosenzahlen und die etwas – nach künstlich heruntergestuften Erwartungen – gestiegenen Steuereinnahmen sollten uns nicht darüber hinwegtäuschen, dass unser Spielraum geringer wird, während der in anderen Weltregionen sich nicht etwa vergrößert. Es ist nicht so, wie der wohl größte deutsche Essayist Hans Magnus Enzensberger behauptet, dass »...so wie die Menschheit sich eingerichtet hat – ›Kapitalismus‹, ›Konkurrenz‹, ›Imperium‹ und ›Globalisierung‹ – ... die Zahl der Verlierer mit jedem Tag zunimmt«.

Nein, Herr Enzensberger, im Gegenteil: Die Armen der Welt werden zumindest in einer Weltregion reicher: Asien. Zwar werden auch dort Wenige schneller reich werden als die Mehrheit. Aber nichtsdestoweniger steigt der allgemeine Wohlstand. Die Staaten der ersten Welt hingegen haben immer weniger Geld zur Verfügung. Für die Unternehmen gilt das nicht. Sie können, wie gesagt, mit den Märkten wandern. Der Staat bleibt unter anderem auf den Arbeitslosen sitzen, die sie zurücklassen. Zugespitzt formuliert: Chinas günstige Position in der Weltwirtschaft versetzt seine Führung in die Lage, den Reichtum der Welt gerechter zu verteilen – leider auf unsere Kosten.

Der Kapitalismus hat überraschende Nebenfolgen entwickelt, die wir völlig unterschätzt haben. Nach dem Ende des Kalten Krieges wähnten sich schon manche am Ende der Geschichte. Und womöglich erweist sich diese Entwicklung als die größte Überraschung des beginnenden 21. Jahrhunderts – und als ein großes Dilemma, jedoch eher für uns als für die Asiaten. Die Folgen dieser Entwicklung könnten von größerer Bedeutung für die Welt sein als die Alterung der Menschen in den Industriegesellschaften. Dann sind wir eben alle älter und weniger. Und ein Sozialsystem, das auf solche Gesellschaften passt, wird sich schon erfinden lassen, wenn der Druck groß genug ist und man das Alte erst einmal gedanklich hinter sich gelassen hat.

Die Verlagerung des wirtschaftlichen Epizentrums nach Asien wird größere Folgen haben als der Terror aus dem mittleren Osten, auch wenn uns das gerade jetzt angesichts der tödlichen Bombenattentate nicht so vorkommen mag. Wir sollten dabei nie vergessen, dass es sich bei Demonstrationen und Terror um nicht mehr handelt als die Rückzugsgefechte von Menschen, die in Gesellschaften leben, die sich nicht erneuern, ja nicht einmal verändern wollen. Sie werden weiter stören, aber sie haben keine Chance, sich durchzusetzen. Dafür sind die Zwänge der Globalisierung zu mächtig, wie wir gerade selbst erfahren müssen.

Hightech made in China – mit westlicher Beteiligung

Und selbst der Kampf gegen die Umweltprobleme muss nicht die Folgen haben, die wir heute befürchten und mit denen der Club of Rome schon für das Jahr 2000 gedroht hat. Umweltfreundliche Technologien sind schon entwickelt. Es gibt bereits Passivhäuser, die gar keine Heizung mehr brauchen. Es gibt bereits Autos, die mit Rapsöl oder Wasserstoff fahren. Diese Produkte müssen nur noch den Schritt zum Massenprodukt machen. Mit jedem Tag, an dem die Umweltschäden teurer werden, werden sie rentabler. Und womöglich sind es Chinesen, die aus Not und mit deutscher Technologie zu Ende führen, was die Umweltpolitiker nicht zu Ende führen konnten, weil sie im Sumpf der Interessensverbände stecken blieben. Ich spreche dabei nicht vom Dosenpfand, sondern von wirklichen Energiesparstandards.

Wir müssen uns an den Gedanken gewöhnen, dass solche Entwicklungen sich zukünftig womöglich nicht bei uns, sondern in Asien vollziehen. Nicht nur weil die Not dort größer ist, sondern auch, weil Länder wie China inzwischen über viel Geld verfügen können.

Dass noch nie so schnell so viel Geld und Technologie von der Ersten in die Dritte Welt gepumpt wurde wie durch die Investitionen nach China, wird der Volksrepublik weiter helfen. Die allmähliche Verlagerung des wirtschaftlichen Schwergewichts in Richtung Asien muss nicht etwa zu Protektionismus führen, wie es etwa Gabor Steingart in seinem Buch »Weltkrieg um Wohlstand« fordert. Das sind Methoden aus alten Zeiten. Wenn Georg W. Bush morgen beschließen würde, keine Produkte aus China mehr zu kaufen, hätte er übermorgen große Probleme. Denn etwa 65 Prozent dieser Produkte werden in amerikanisch-chinesischen Gemeinschaftsunternehmen hergestellt. Protektionismus schadet also der amerikanischen Wirtschaft. Und er schadet den Konsumenten, die plötzlich wieder teurere heimische Produkte kaufen müssen. Das können sie sich jedoch, wenn man die enorme Verschuldung der Privathaushalte betrachtet, gar nicht mehr leisten. Die Augen vor den Grenzen des westlichen Spielraums zu verschließen, ist also Unsinn.

Wirtschaftswunder China

Es ist der Aufstieg Chinas, der uns am meisten beschäftigen muss, der unsere Welt auf den Kopf stellt, während die gesamte Welt gerechter wird. 600 Milliarden US-Dollar haben die Industrienationen seit der Öffnung des Landes bereits nach China überwiesen, und ich spreche dabei nur von China; 60 Milliarden waren es allein in den beiden vergangenen Jahren. Außerdem verdient das Land an jedem exportierten »Made in China«-Produkt. 2004 betrug der Handelsbilanzüberschuss noch 32 Milliarden US-Dollar, 2005 schon 112 Milliarden – mehr als dreimal so viel. Mit ihrem guten Geschäftsmodel haben die Chinesen inzwischen 1.000 Milliarden US-Dollar an Devisenreserven angehäuft, die 120 Milliarden von Hongkong noch nicht eingerechnet. Und das während die Auslandsschulden verschwindend gering sind, die Inflation niedrig und die Währung stabil ist.

Doch trotz dieser beeindruckenden Zahlen müssen wir uns die Frage stellen: Wie stabil ist China wirklich? Haben wir es mit einer lang anhaltenden

Entwicklung zu tun oder mit einem Strohfeuer? Zwar ist der Aufschwung in China nicht gleichmäßig verteilt, aber »selbst das Einkommen der Ärmsten hat sich in den zurückliegenden zwanzig Jahren vervierfacht«, urteilt François Bourguignon, Chefvolkswirt der Weltbank. Inzwischen hat das Land ein durchschnittliches Pro-Kopf-Einkommen von über 1.400 US-Dollar im Jahr. Noch vor 25 Jahren waren Hungersnöte nichts Ungewöhnliches; heute sind sie fast ausgeschlossen. Bourguignon geht davon aus, dass es weiter bergauf gehen wird: »In China sieht die Zukunft rosig aus.«

Doch es geht bei dieser Entwicklung eben nicht nur um China. Es geht um die Welt: Zum ersten Mal in der Geschichte könnte es, wenn nichts dazwischen kommt, einem Land gelingen, den langfristigen Trend der *globalen* Einkommensentwicklung umzukehren. 1820 standen das Pro-Kopf-Einkommen des ärmsten und des reichsten Landes der Welt im Verhältnis eins zu drei. 1992 lag das Verhältnis schon bei eins zu 72. Dass sich durch den Aufstieg Chinas der Reichtum der Welt in den kommenden fünfzig Jahren gerechter verteilen wird, ist eine der wenigen Einschätzungen, bei der Wirtschaftsnobelpreisträger, eine Spezies, die nicht zum Konsens neigt, einträchtig nebeneinander stehen. »Das Pro-Kopf-Einkommen in Ländern wie China wird schneller wachsen als in den fortschrittlicheren Ländern«, lautet etwa die Einschätzung von George Akerlof. Sein Kollege Milton Friedman stimmt ihm zu: »Der Hauptgrund für das heutige Ungleichgewicht liegt im Unterschied zwischen entwickelten und unterentwickelten Ländern. Dieser Unterschied wird im Rahmen der Globalisierung geringer.« Auch Lawrence Klein schließt sich dieser Einschätzung an: »Das Wachstum in China und Indien entwickelt sich so vielversprechend, dass Armut bereits in großem Stil reduziert wurde.« Selbst Joseph Stiglitz, die Leitfigur der Globalisierungskritiker, ist sich sicher: »Die Chinesen werden ein höheres Einkommen haben. Selbst wenn China nicht mehr so stark wachsen wird wie in den letzten 25 Jahren, wird sich das Ungleichgewicht zwischen China, der EU und den USA weitgehend reduzieren.«

Paradoxerweise ist also durch Chinas Aufstieg längst im Gange, was die Globalisierungskritiker auf ihren Demonstrationen fordern. Ernüchternd mag für manche von ihnen die Erkenntnis sein, dass die Umverteilung des weltweiten Reichtums ohne sie passiert. Nicht der Druck der Kritiker hat die Welt verändert, sondern ausgerechnet die Eigendynamik der weltumspannenden Wirtschaftsverflechtung, die sie anprangern.

Dennoch bleiben viele skeptisch: Nach unserer herkömmlichen Sichtweise müsste die chinesische Kombination aus Milliarden Menschen, Korruption, Diktatur und Kapitalismus ein Pulverfass sein, das ein einziger Funke zur Explosion bringen könnte. Seit 25 Jahren wartet die Welt nun schon auf den Zusammenbruch des roten Riesen.

Stabilitätsanker in Asien

Doch das Gegenteil ist passiert – zumindest bisher. China boomt, wird täglich stärker und ist inzwischen zum wichtigsten Stabilitätsfaktor Asiens geworden. Weite Teile der Dritten Welt, vor allem in Asien, werden schon bald aus eigener Kraft wachsen und auf unsere Hilfe nicht mehr angewiesen sein. Eines der Millenniums-Entwicklungsziele der UN ist es, die Anzahl der Menschen auf der Welt, die täglich mit weniger als einem US-Dollar auskommen müssen, bis 2015 zu halbieren. Das kann, so der ehemalige UN-Generalsekretär Kofi Annan, nur erreicht werden »aufgrund der Tatsache, dass es China gelingt, fast alle seine Bewohner aus dieser Kategorie zu befreien – selbst wenn in den meisten Ländern Afrikas der Anteil der Armen unverändert bleibt.«

Das ist die größte Herausforderung, an der China gemessen werden sollte. Dabei sollte man nicht vergessen, dass China schon einen unglaublichen Aufstieg hinter sich hat. Noch vor 25 Jahren musste ein durchschnittlicher Chinese damit rechnen, dass er in seinem Leben ein oder zwei Hungersnöte erleben wird. Heute ist das ausgeschlossen. Wie hat China das geschafft? Die Chinesen sind nicht nur viele. Das sind die Inder auch. Sie folgen uns auch nicht einfach nach, unbekümmert wie das jüngste Kind in der Großfamilie. Vielmehr: Die politische Führung Chinas hat es über mehrere Generationen geschafft, China unter den gegebenen Umständen eine Perspektive zu geben. Einer der wichtigsten Faktoren im Vergleich zu Indien ist Chinas Fähigkeit der Führung. Was die Regierung beschließt, wird in der Regel auch durchgesetzt. Das hat mit einer langen Verwaltungstradition zu tun und ist wahrscheinlich der größte Vorteil gegenüber Indien. Und weil das in China so ist, hat die Regierung immer mehr Geld und damit auch immer mehr Macht. Und die Macht versetzt China auch immer stärker in die Lage, die Spielregeln der Welt mitzubestimmen.

Makroökonomische Beständigkeit trotz sozialem Chaos

In dieser günstigen Ausgangsposition muss China nicht alles auf eine Karte setzen. Im Gegenteil: Es hat aus den Krisen der USA, Japans, Südamerikas und der asiatischen Nachbarn gelernt, wie man die Risiken der Globalisierung kontrolliert. So wie die Kaiser der Han-Dynastie vor über 2.000 Jahren die Große Mauer zum Schutz gegen die Mongolen bauen ließen, hat die chinesische Führung in den Neunzigerjahren einen modernen Schutzwall gegen die globalen Finanzströme errichtet. Die chinesische Währung, der Renminbi, ist nicht handelbar, sondern fest an einen Währungskorb gekoppelt, dessen Zusammensetzung der Weltöffentlichkeit frecherweise nicht verraten wird. Auch Börsen, Finanzsystem und Immobilienmarkt sind gegenüber ausländischen Investoren noch weitge hend abgeschottet. Außerdem ist der chinesische Staat nur gering verschuldet. Die Wölfe der Globalisierung haben lange schon Witterung aufgenommen, doch China bleibt für sie unerreichbar.

Auf die Hoffnung, dass China über seine Füße stolpert, sollten wir uns nicht verlassen. Nicht dass China keine Probleme hätte. Gerade sein größtes Potenzial ist auch sein größter Fluch – die riesige Bevölkerung. Der Aufbau eines Sozialsystems, das 1,3 Milliarden Menschen mit wenigstens minimalen Standards an Ernährung, medizinischer Versorgung und Ausbildung versorgt, überschreitet Chinas derzeitige Kapazitäten bei Weitem. Doch das muss nicht so bleiben.

Der Verteilungskampf um die knappen Ressourcen wird mit einer Härte geführt, bei der die Menschenrechte regelmäßig mit Füßen getreten werden. Darunter leiden vor allem die Landbewohner, die zwei Drittel der Bevölkerung ausmachen. Es vergeht kaum ein Monat, in dem nicht Bergarbeiter ums Leben kommen, weil Kohlestollen unzureichend gesichert sind; über 6.000 waren es im Jahr 2005. Selbst in den Städten haben Menschen nur geringe Chancen, rechtsstaatlich behandelt zu werden, wenn sie mit dem Gesetz in Konflikt geraten. Politisch Andersdenkende werden unvermindert verfolgt. Doch dass die Menschenrechtsverletzung und die sozialen Probleme in einen wirtschaftlichen Kollaps münden, gilt derzeit als die eher unwahrscheinliche Variante.

Wir sollten uns also darauf einstellen, dass es in China auf Dauer beides nebeneinander geben wird – makroökonomische Stabilität und soziales Chaos, Aufschwung und Korruption, Diktatur und Freiheit. Und China hat zumindest das Geld, um seine Problemzonen in den Griff zu bekommen.

Outsourcing – China als Lehrmeister

Und China wird auch im Bereich des Outsourcings ganz neue Wege gehen können. Während es für eingespielte deutsche Unternehmen sehr schwierig wird, neue Outsourcing-Konzepte durchzusetzen, können sich junge chinesische Unternehmen beim Aufbau ihrer Strukturen gleich auf die Fundamente der neuesten Outsourcing-Erkenntnisse stützen. Ein Beispiel ist die chinesische

Autoindustrie. Dort zeichnet sich schon jetzt eine ganz neue Art des Autobauens ab. Für die jungen Manager in den aufstrebenden Autounternehmen ist ein Auto der unteren Mittelklasse nichts anderes als ein Computer. Sie kaufen schon fertig entwickelte Teile und Systeme, bauen sie zusammen, lassen ein schönes Chassis darüber designen und verkaufen die Autos an unabhängige Händler zu einem unschlagbaren Preis. Autohersteller wie Chery und SAIC mit seiner Marke ROWE funktionieren schon heute nicht viel anders als Aldis Computerlieferant Medion in Deutschland. So wie Medion den etablierten Computerherstellern das Fürchten lehrte, so werden sich die chinesischen Autohersteller sehr schnell auch international durch einfache und preiswerte Autos bemerkbar machen, die von den westlichen Herstellern kaum unterboten werden können. Schon heute bauen die Chinesen pfiffig aussehende, viertürige Kleinwagen der Poloklasse, die sie neu für 3.500 Euro verkaufen. Um ein eigenes Mittelstrecken-Flugzeug mit 120 Sitzen zu bekommen, ließen die Chinesen die Consultingabteilungen von Boeing und Tupolev miteinander antreten. Auch dort hieß die Aufgabe, ein Flugzeug zu konstruieren, möglichst ohne große Eigenentwicklungen. Noch in diesem Jahr wird die ARJ 21 ihre internationale Zulassung bekommen. Und 2008 soll die Outsourcing-Maschine bereits Passagiere befördern – sehr zum Ärger der beiden letzten großen Hersteller Bombardier, mit Sitz in Quebec, und EMBRAER, mit Sitz in São Paulo.

Dass einige chinesische Unternehmen im Hinblick auf das Thema Outsourcing fortschrittlicher werden als westliche, ist also ebenfalls eine Entwicklung, auf die wir uns einstellen sollten. Die Chinesen nutzen ganz einfach den Vorteil, dass sie von vorne anfangen können.

Nachholbedarf in Europa

Die Verlagerung des wirtschaftlichen und politischen Gewichts nach Asien macht deutlich, dass Deutschland sich nicht etwa in einer Konjunkturkrise befindet, die mit ein wenig Lebensmut, guter Stimmung und Energiedrinks zu überwinden wäre. Damit wir in der Entwicklung nicht zurückfallen, müssen wir einiges nachholen. Was wir jedoch eigentlich brauchten, ist eine Integrationspolitik der Deutschen, ja der Europäer in die Welt. Wir müssen uns schon in der Schule mit den Zusammenhängen globaler Wirtschaft befassen. Das ist mindestens so wichtig wie Deutsch und Mathematik. Das funktioniert jedoch nur, wenn wir eine ähnliche Lust am Lernen und Achtung vor dem Lernen entwickeln, wie sie in der chinesischen Kultur tief verankert sind und durch die Geschwindigkeit des Aufschwungs noch verstärkt wurden. Sonst werden wir eines Tages von unseren Enkeln zur Rede gestellt werden: »Warum habt ihr den Aufstieg Chinas verschlafen? Warum habt ihr unsere Zukunft verspielt, indem ihr die Schwächen Chinas hochgehalten habt, statt seine Stärken offenzulegen und den ›China Code‹ zu knacken?«

Wir müssen lernen, die Welt mit den Augen der Anderen zu sehen. Nur so kommen wir der eigentümlichen Klarheit auf die Spur, die den chinesischen Strategien innewohnt; nur so können wir uns darauf einstellen und unsere Überzeugungen wirkungsvoll vertreten. Wie sagte der Schriftsteller Max Frisch schon 1975 sehr weitsichtig: »Wir sind nicht das Wunschbild der Chinesen, unser Urteil ist nicht das Maß für ihre Anstrengungen.« Das sollten wir uns hinter die Ohren schreiben und dabei nicht vergessen: Selbst als Europäer sind wir nur eine unbedeutende Minderheit.

Chinas Einfluss wächst

Deshalb ist Chinas Führung beispielsweise sehr daran interessiert, dass die neue Weltordnung möglichst demokratisch wird, auch wenn man das für die innenpolitischen Verhältnisse nicht wirklich behaupten kann. Der Grund dafür liegt auf der Hand: China hätte dann mit 1,3 Milliarden Menschen die einfache Mehrheit im Weltparlament; Asien hätte mit gut 3,8 Milliarden Menschen die absolute, gefolgt von Nord- und Südamerika mit 870 Millionen und Europa mit 780 Millionen Menschen. Europa und die USA hingegen mögen ein Interesse daran haben, dass China demokratisch wird, aber dass die Welt demokratisch wird, kann nicht in ihrem Interesse sein. In dieser Hinsicht ähnelt die Lage Deutschlands der des deutschen Adels an der Wende zum 20. Jahrhundert. Er konnte sich nicht vorstellen, dass gemeine Bürger zu Spitzenpolitikern aufsteigen könnten. Manche von ihnen brauchten das gesamte Jahrhundert, um sich daran zu gewöhnen, dass sich nur noch die Regenbogenpresse für sie interessierte. Am Ende mussten sie sich eingestehen, dass der Kampf gegen solche Entwicklungen aussichtslos ist. Heute sind wir der Adel der Welt. Und je früher wir uns darauf einstellen, dass sich unsere Position relativiert, desto besser. Unter diesen Bedingungen werden wir eine Marktnische finden müssen. Hoffentlich werden wir dabei etwas einfallsreicher sein als der europäische Adel. Denn, so formuliert es der ehemalige Goldmann-Sachs-Chef John Thornton, der heute an der Pekinger Eliteuniversität Tsinghua lehrt: »Chinas Aufstieg ist das wichtigste geopolitische Ereignis in unserem Leben.«

Fiktion oder bald schon Wirklichkeit – Freizeitpark Europa?

Was können wir dieser mächtigen Entwicklung entgegensetzen? Oder um in der Strategie der asiatischen Kampfsportarten zu denken: Wie können wir die Kräfte unseres Konkurrenten für unsere eigenen Zwecke nutzen? Einen Weg weisen die Strategen der amerikanischen Investmentbank Morgan Stanley. »Wachstum sollte nicht mehr der Fokus von Japan und Europa sein«, befindet Asien-Chefanalyst Andy Xie, »Sie sollten sich auf Lebensqualität konzentrieren«. Wie kann Deutschland das umsetzen? Stellen wir uns die Generation der jungen Deutschen mit fünfzig vor. Sie leben in einer Mischung aus Freilichtmuseum, Freizeitpark, Naturschutzgebiet und Club Med. Die Chinesen und ihre asiatischen Nachbarn sind Deutschlands beste und gut zahlende Kunden, die sich in Deutschland vom Tempo ihres Aufschwungs erholen wollen, der bereits über eine Generation andauert. Sie sind so viele, dass Deutschland gut davon leben kann. Sie sehnen sich nach Orten, die sich nicht ständig wandeln. Sie sehnen sich nach alten Häusern, nach sauberen Flüssen und nach intaktem Wald. Und das verkaufen wir ihnen für gutes Geld.

Wie sind wir dahin gekommen? Der Reformprozess in Deutschland, der zur Jahrtausendwende begann, blieb lange in einer verbissenen Debatte stecken. Erst nachdem Westdeutschland ebenso gründlich deindustrialisiert wurde wie zuvor der Osten – nachdem der Sozialstaat Konkurs angemeldet hatte und endgültig klar war, dass man Autos und andere Maschinen nur noch in Asien bauen kann – ging es wieder bergauf. Die Deutschen sahen ein, dass Forschung und Entwicklung sich nur noch in hoch spezialisierten Nischen lohnten. Nur die Finanz- und andere Dienstleistungsunternehmen blieben übrig. Erst danach war der Kopf frei für Innovationen. Der Aufstieg des neuen Deutschlands begann.

Die Deutschen konzentrierten sich auf die Stärken, die ihnen keiner streitig machen kann: ihre mittelalterlichen Städte, ihre vielfältige Kultur und ihre schöne Natur. Die Wolfsburger VW-Autostadt wurde zum Prototyp einer modernen Konsumanlage. Die ehemaligen Arbeiter verdienen ihr Geld in nachgebauten Stadtlandschaften aus dem letzten Jahrhundert, durch die man mit den entsprechenden Autos jener Zeit fahren kann. Die Denkmalämter haben Hochkonjunktur. Die Deutschen widmen sich diesen Aufgaben mit der ihnen eigenen, selbstzweiflerischen Gründlichkeit und haben es dabei wieder zur Weltspitze gebracht. Ihre historischen Erlebnisparks sind auf Monate ausgebucht, ebenso wie ihre Wälder und historischen Städte. 2050 kann sich niemand mehr vorstellen, dass es je Menschen gegeben hat, die für den Bau von Hochhäusern in München gestimmt haben. Hochhäuser brauchen die Deutschen nicht mehr, denn dazu hat Deutschland nicht genug Einwohner. Nur die pittoreske Frankfurter Skyline wurde erhalten. Sie wird von Chinesen, Malaysiern und Thailändern mit der gleichen kindlichen Freude betrachtet, mit der wir heute durch ein Eifler Heimatdorf schlendern. Frankfurt ist niedlich gegenüber der Vierzigmillionen-Metropole Shanghai. Deutschland ist zum beliebtesten Reiseziel von Millionen chinesischen Urlaubern geworden. Deutschland, das sind die Märchenschlösser und die lustigen Tänze der bajuwarischen Minderheit im Süden. Deutschland hat Industriemuseen im Ruhrgebiet mit deutschen Maschinen, die nie kaputtgehen, die aber niemand mehr braucht, auch Bier natürlich, Grünkohl und Pinkel, Beethovens Fünfte, den Kölner Dom, Bratwurst. Erlebnisse, die mit deutscher Präzision auf die gehetzte Shanghaier Mittelschicht zugeschnitten sind. Schade nur, mag sich der Reisende dennoch sagen, der vielleicht im mittleren Management bei China-Volkswagen in Shanghai arbeitet und sich ins deutsche Hinterland vorgearbeitet hat, dass es in Deutschland noch nicht überall aussieht wie in Rothenburg ob der Tauber. Er wundert sich, dass manche gesichtslosen Mittelstädte sich mit kitschigen chinesischen Restaurants bei ihren Gästen andienen wollen – wo bleibt denn da das authentisch Deutsche, Traditionelle, das der Reisende doch in der Fremde vor allem sucht?

In den Zentren jedoch wachen deutsche Beamte mit denkmalpflegerischer Strenge und einem riesigen Verwaltungsapparat über die Lübecker Altstadt, den hessischen Apfelwein, den Nürnberger Christkindlmarkt und darüber, dass der Originalzustand des Rheins nicht verändert wird. Im Hamburger Hafen liegen die Schiffe, die China im 19. Jahrhundert das Fürchten gelehrt haben. Die Frankfurter Allgemeine Zeitung fasst eine solche Entwicklung wie folgt zusammen: »Mag es auch gewöhnungsbedürftig sein, als Eingeborener einer vergangenen Kultur sein Geld zu verdienen, so ist es ja vielleicht wirklich unsere letzte Chance.«

Wenn wir nicht möchten, dass Deutschland so wird, dann müssen wir schleunigst anfangen, uns mit China zu beschäftigen. Je länger wir warten, je länger wir uns der Illusion hingeben, dass mit einem Regierungswechsel das alte Deutschland schon wiederkommen werde, desto weniger können wir uns das neue Deutschland aussuchen. Andere Teile der Welt haben dann die Wahl schon getroffen. Und wir können nur noch folgen.

Die globale Risikogesellschaft konfrontiert uns mit neuen Herausforderungen. Vergessen wir lieber die Hoffnung, Deutschland könne vom chinesischen Boom genügend abbekommen, um seinen hohen Lebensstandard halten zu können. Der chinesische Aufschwung findet in China statt und nirgendwo sonst. Denn die chinesische Regierung muss Jobs für rund 200 Millionen Arbeitslose schaffen; auf Deutschlands knapp fünf Millionen kann sie dabei keine Rücksicht nehmen.

Die Zukunft ist bereits auf dem Weg. Junge Chinesen erzählen mit Begeisterung von ihren Deutschlandreisen, vom innigen Verhältnis der Deutschen zur eigenen Tradition und der Liebe zur Präzision. Doch genau aus dieser Nostalgie und Detailversessenheit mag der mutige Schritt zurück in die schnelle Wirklichkeit nicht gelingen. Für die Chinesen sind die Deutschen schon heute pittoreske Exoten, vorsichtige Pfleger traditioneller Lebensart, Spezialisten fürs Detail, Bewahrer alter Substanz und lieb gewonnener gesellschaftlicher Strukturen. Nur diejenigen, die sich aktiv mit China auseinandersetzen, haben eine Zukunft.

Teil B
Rahmenbedingungen für Outsourcing

Viele große, international führende Unternehmen haben schon seit langem erkannt, dass Konzentration auf Kernkompetenzen eine wesentliche Voraussetzung für langfristigen wirtschaftlichen Erfolg ist. Sie setzen ihre Ressourcen gezielt ein, um Geschäftsfelder mit Wettbewerbsvorteilen auszubauen und zu stärken. Aufgaben und Dienstleistungen rund um das Kerngeschäft überlassen sie zuverlässigen Partnern, die in eigener Regie und eng verzahnt mit dem Geschäft des Auftraggebers Teile der Produktion und/oder der Serviceleistungen übernehmen. Wie solche Outsourcingvereinbarungen aussehen können und welche rechtlichen Aspekte dabei zu beachten sind, zeigt der Beitrag von *Stephanie Lüdtke.* Im anschließenden Interview, das uns die Wirtschaftszeitung Produktion freundlicherweise zum Abdruck überließ, macht *Detlef Wetzel* deutlich, welche Bedingungen aus der Sicht der Gewerkschaften erfüllt sein müssen, damit Outsourcing dazu beitragen kann, den Vorsprung der deutschen Industrie in Qualität, Know-how und Service, kurz im »Gutsein« zu halten. Dabei stellt er heraus, dass strukturelle Veränderungen nicht zu einer Aufspaltung in Beschäftigung erster und zweiter Klasse führen dürfen.

Rechtliche Rahmenbedingungen des Outsourcings[15]

von Stephanie Lüdtke

»Outsourcing ist ein Kunstwort, das aus den englischen Begriffen *outside, resource* und *using* zusammengesetzt ist. Outsourcing ist somit ein Konzept, das die Heranziehung von außerhalb des Unternehmens liegenden Bezugsquellen zur Versorgung vorsieht. Einzelne Unternehmensprozesse werden von einem externen Produzenten oder Dienstleister erbracht, wobei im Unterschied zum *Sourcing* auch ein Verantwortungsübergang stattfindet.«[16]

So vielschichtig der Begriff Outsourcing ist, wie die beispielhaft zitierte Definition aus dem Internetlexikon Wikipedia zeigt, so vielschichtig sind zugleich die rechtlichen Rahmenbedingungen. Sie orientieren sich ausschließlich an den Zielen der beteiligten Parteien.

1 Ziele der Parteien

Hauptziel des Kunden ist es, eine höhere Wertschöpfung durch die Fokussierung auf das eigene Kerngeschäft zu erzielen. Durch Outsourcing kann der Kunde seine Arbeitsabläufe transparenter gestalten, sein Servicegeschäft flexibilisieren, die interne Organisation verschlanken und damit in der Summe eine Kostenoptimierung erreichen.

Der Serviceprovider (SP) weist spezielles Know-how über die outgesourcten Dienstleistungen auf und kann auf dieser Basis Leistungsoptimierungen erzielen. Der Kunde profitiert von einer höheren Personalflexibilität und erhält Raum für die Konzentration seines eigenen Know-hows auf das Kerngeschäft. Zugleich kann der SP durch Shared Services, Nutzung von Einkaufspotenzialen, Einsatz des Personals für Drittkunden und ähnliche Instrumente an der Kostenoptimierung mitwirken.

15 Stand Dezember 2006.

16 O.V., Outsourcing, Artikel in: Wikipedia – die freie Enzyklopädie, http://de.wikipedia.org/wiki/Outsourcing (Stand 22.11.2006).

2 Hauptpunkte eines »Outsourcingvertrags«

Ein »Outsourcingvertrag« als solcher ist dem deutschen Recht nicht bekannt. In der Regel werden zwischen den Parteien diverse Einzelverträge geschlossen, die über einen Rahmenvertrag oder eine Junktim-Klausel miteinander verknüpft werden, sofern eine einheitliche Wirksamkeit und/oder Laufzeit der Verträge gewünscht wird.

Als Kernverträge des »Outsourcingvertrags« dürften sich heute etabliert haben: einerseits das sogenannte Service Level Agreement beziehungsweise schlicht der Werk- oder Dienstleistungsvertrag und andererseits der Assetvertrag oder schlicht der Kaufvertrag über das Anlagevermögen, das für die Dienstleistung benötigt wird. Neben diesen Kernverträgen sind je nach den tatsächlichen Gegebenheiten weitere Einzelverträge notwendig oder aber zumindest hilfreich. Exemplarisch genannt seien an dieser Stelle Miet- oder Pachtverträge, Infrastrukturnutzungs- und Personalüberleitungsverträge.

Der »Outsourcing-Vertrag« stellt gleichsam ein Handbuch für den Outsourcing-Vorgang insgesamt dar.

2.1 Service Level Agreement (SLA)

Das SLA dient der Regelung der operativen und kommerziellen Leistungsbeziehung zwischen den Parteien. Auf die Ausgestaltung dieses Vertrags muss besonderes Augenmerk gelegt werden, da die zu erbringenden Dienst- und oder Werkleistungen einschließlich aller Nebenpflichten bei einer Kooperation sehr vielschichtig sein können. Nur wenn alle Bedingungen, Parameter und Nebenpflichten der Partner umfassend und detailliert aufgenommen werden, können die SP-Leistungen für die gesamte Laufzeit der Partnerschaft erfolgreich und ohne Reibungsverluste implementiert werden.

2.1.1 Leistungsbeschreibung

Von entscheidender Bedeutung ist eine präzise Ausgestaltung des Leistungsverzeichnisses und die Festlegung von Definitionen. Das Grundgerüst des Leistungsverzeichnisses wird dabei üblicherweise vom Kunden bei der Ausschreibung erstellt. Im Rahmen der vertraglichen Ausgestaltung ist dann häufig eine Konkretisierung notwendig. Begriffe müssen klar definiert werden. Beinhaltet die Ausschreibung zum Beispiel die Instandhaltung von Maschinen oder Anlagen, müssen die Leistungen, die die Parteien unter diesem Begriff verstehen, festgelegt werden. Soll nur die »Wartung« oder auch die »Inspektion« erfasst werden? Werden »planbare Instandhaltungsvorgänge« eingeschlossen oder sollen lediglich »reaktive Instandhaltungsvorgänge« aufgenommen werden?

Bei der Definition kann teilweise auf bestehende Normen Bezug genommen werden, wie zum Beispiel im Instandhaltungsbereich auf die DIN 31051. Bei unmittelbar produktionsunterstützenden Dienstleistungen setzt sich die Leistung oft aus einer Vielzahl von Einzelleistungen zusammen. Hier sollte nach Möglichkeit jeder Einzelschritt in der Leistungsbeschreibung aufgeführt werden, sodass auch für einen unbeteiligten Dritten die zu erbringenden Leistungen eindeutig erkennbar sind. Je höher der Detaillierungsgrad ist, desto weniger Raum besteht für unterschiedliche Auslegungen.

Durch die Fokussierung auf eine präzise Leistungsbeschreibung im Rahmen der Vertragsverhandlungen können viele Missverständnisse bei der folgenden Leistungserfüllung ausgeschlossen werden. Unterschiedliche Auffassungen können in ein gemeinsames Verständnis überführt werden. Da üblicherweise die geschuldete Vergütung von den zu erbringenden Leistungen abhängig ist, werden insbesondere spätere Meinungsverschiedenheiten über Mehr- oder Zusatzleistungsvergütungen vermieden. Für beide Parteien entsteht Planungssicherheit.

2.1.2 Schnittstellendefinition

Nur auf Basis einer präzisen Leistungsbeschreibung können auch die Schnittstellen zwischen den Leistungspflichten der Parteien festgelegt werden. Wer ist im oben genannten Instandhaltungsbeispiel zuständig für die Abschaltung der Maschine, damit die vereinbarten Wartungsleistungen durchgeführt werden können? Wer ist zuständig für die Produktionsfreigabe der Maschine nach Durchführung der Instandhaltungsleistung?

2.1.3 Vergütung

Vergütungssystem

Die Parteien wählen üblicherweise zwischen zwei Hauptvergütungssystemen: der Pauschalvergütung oder der Vergütung nach Einheits- oder Stundenpreisen.

Bei der Pauschalvergütung wird eine Grundbezugsgröße (Stunden, Anzahl der Handlings, Stückzahlen, etc.) gewählt, die durch den Pauschalpreis abgedeckt ist. Für den Fall von Über- oder Unterschreitungen der Grundbezugsgröße muss der Vertrag eine Anpassungsklausel enthalten. Üblicherweise vereinbaren die Parteien eine Anpassung der Pauschalvergütung, wenn von einem gewissen Prozentsatz der Grundbezugsgröße abgewichen wird.

Basiert der Pauschalpreis auf Einheitspreisen, so könnte schlicht die Zahlung oder der Abzug der jeweils auf die Mehr- oder Minderleistung entfallenden Vergütung vereinbart werden. Ein solches Verfahren wird aber regelmäßig nicht den beiderseitigen Interessen entsprechen. Da die Pauschalvergütung auf einer Mischkalkulation des SP basiert, kann er bei Mehrleistungen die der Pauschalvergütung zugrunde liegenden Einheitspreise absenken. Kommt es hingegen zu Minderleistungen, so müssen die entsprechenden Einheitspreise angehoben werden. Aus diesem Grund ist es üblich, bereits im Vertrag eine Preisstaffelung für Über- oder Unterschreitungen der Grundbezugsgröße festzulegen.

Regelmäßig verpflichtet sich der SP auch, Zusatzleistungen, also Leistungen außerhalb des fest vereinbarten Leistungsumfangs, zu erbringen. Solche Zusatzleistungen können sich im Durchführungsstadium des Vertrags ergeben. Sofern sie bei Vertragsschluss bereits absehbar sind, sollten sie ebenfalls in einem Leistungsverzeichnis mit den entsprechenden Preisen festgehalten werden. Für nicht absehbare Zusatzleistungen sollten Stundensätze, gestaffelt nach der jeweiligen Qualifikation der einzusetzenden Fachkraft, festgelegt werden.

Umsatzgarantie

Da regelmäßig mit dem »Outsourcing« ein Übergang von Mitarbeitern des Kunden auf den SP verbunden ist (vgl. hierzu unter 2.2.3), mithin der SP Personalverpflichtungen übernimmt, ist es für ihn unabdingbar, einen gewissen Grad an Planungssicherheit zu erlangen. Üblich ist die Vereinbarung von Mindestmengen, zum Beispiel in Form von Mindestabnahmestunden oder eines Mindestumsatzes pro Vertragsjahr oder Vertragsmonat. Werden zum Beispiel Mindestabnahmemengen festgeschrieben, so ist zugleich eine Rechtsfolge für den Fall der Nichtabnahme zu vereinbaren. So können die Parteien etwa eine »Take-or-Pay-Klausel« vorsehen, bei der der Kunde auch bei Nichtabnahme zur Zahlung der Mindestmenge verpflichtet ist. Hier sind verschiedene Varianten denkbar. Beispielsweise können zusätzliche Leistungen, die auf Basis von gesonderten Abrufen durch den Kunden in Anspruch genommen werden, angerechnet oder durch periodische Verschiebungen ausgeglichen werden. Werden die Mindestmengen dauerhaft nicht erreicht, wird der SP unter Umständen genötigt sein, Personalanpassungen durchzuführen. Hier ist eine Partizipation des Kunden an den dadurch verursachten Kosten sowie an weiteren remanenten Kosten, gestaffelt nach Laufzeit des Vertrags, denkbar und üblich.

Budgetvereinbarung

Die Parteien vereinbaren regelmäßig pro Vertragsjahr bestimmte Budgets, die sukzessive nach unten abgesenkt werden sollen. Hierdurch möchte der Kunde sicherstellen, dass die gemeinsamen Kostenoptimierungsziele auch erreicht werden. Entscheidend bei der Festlegung der Budgets ist, dass sie realistisch sind und nicht einseitig durch den Kunden so stark herabgesetzt werden, dass Leistungseinbußen zu befürchten sind. Nur wenn realistische Budgets festgelegt werden, ist eine partnerschaftliche Zusammenarbeit ohne Störung des Vertrauensverhältnisses möglich.

Die Parteien müssen Ausnahmetatbestände definieren, um Sonderfälle, die von keiner Partei vorhergesehen werden können oder von keiner Partei zu vertreten sind, aus der Budgetrechnung herauszunehmen.

Um die Einhaltung der Budgets zu honorieren oder aber die Nichteinhaltung zu sanktionieren, vereinbaren die Parteien regelmäßig eine sogenannte Bonus- und Malusklausel, die gestaffelt nach dem Maß des Unterschreitens oder des Überschreitens, Sonderzahlungen zugunsten oder Pönalen zulasten des SP festlegt.

Anlaufkosten

Neben der üblichen Vergütung sind spezielle Regelungen zu den Anlaufkosten, wie zum Beispiel das Implementieren einer elektronischen Schnittstelle, zu bedenken.

Preisgleitklauseln

Je nach Länge des Vertrags sollten Preisgleitklauseln im Hinblick auf geänderte gesetzliche Anforderungen (erhöhte gesetzliche Auflagen, Stromsteuer etc.), aber auch im Hinblick auf Lohnsteigerungen oder andere Veränderungen der Rahmenbedingungen diskutiert werden.

Allgemeines

Die Vergütungsklausel enthält Regelungen zu den Zahlungsmodalitäten, verbunden mit der Festlegung, welche Rechte dem SP bei vertragswidriger Nichtzahlung zustehen sollen.

2.1.4 Anlagenverfügbarkeit

Je nach outgesourcten Leistungen kann es für den Kunden entscheidend sein, dass Anlagenverfügbarkeiten sichergestellt werden. Je enger die Leistungen des SP an die Produktion des Kunden gekoppelt sind, desto größer ist das Bedürfnis des Kunden nach einer solchen Regelung. Da der SP es nur bedingt zu vertreten hat, wenn festgelegte Parameter nicht erreicht werden, bedarf es der gemeinsamen Festlegung von Ausnahmetatbeständen. Dies gilt insbesondere dann, wenn der SP keine eigene Budgetverantwortlichkeit hat, sondern auf Basis von Einzelabrufen für den Kunden tätig wird. In einem solchen Fall erbringt der SP keine vorbeugenden Leistungen zur Vermeidung von Anlagenausfall oder Kapazitätsreduktion, sondern gibt dem Kunden lediglich Hinweise oder unterbreitet Verbesserungsvorschläge.

Soll der SP unmittelbar mit der Übernahme der Leistungen auch für die Anlagenverfügbarkeiten einstehen, so bedarf es zugleich einer Garantie des Kunden, dass die geforderten Leistungsparameter vor der Übernahme der Leistungen tatsächlich erzielt wurden. Andernfalls läuft der SP Gefahr, dass er zum Beispiel einen bereits vorhandenen Instandhaltungsstau beseitigen muss, bevor er die vereinbarten üblichen Leistungsmengen erbringen kann. In der Regel vereinbaren die Parteien, dass der SP erst nach einer Übergangsphase die Anlagenverfügbarkeiten zu verantworten hat.

Werden die Anlagenverfügbarkeiten nicht erreicht, kann eine Sanktionierung in Form von pauschalen Pönalen oder aber prozentual gestaffelt nach dem Grad der Verfügbarkeit vereinbart werden. Hat der Kunde an der Einhaltung weiterer Leistungsparameter Interesse, ist es auch üblich, eine prozentuale Herabsetzung der Pönale zu vereinbaren, wenn andere Parameter erfüllt werden. Als andere Parameter sind zum Beispiel Kriterien der Arbeitssicherheit denkbar (etwa nicht mehr als eine bestimmte Anzahl von meldepflichtigen Unfällen).

2.1.5 Laufzeit und (Teil-)Beendigung des Vertrags

Die Laufzeit des Vertrags ist für beide Parteien besonders wichtig. Dabei gilt es zu bedenken, dass der SP durch die enge Verknüpfung mit dem Kunden keineswegs einem Werkunternehmer oder Lieferanten gleichgestellt werden kann, dessen Leistungen kurzfristig auch von Dritten erbracht werden können. Im Hinblick auf eine partnerschaftliche Zusammenarbeit ist eine Mindestlaufzeit von fünf Jahren üblich und angemessen. Wählen die Parteien eine kürzere Laufzeit, bedeutet das für den SP – auch im Hinblick auf das übernommene Personal – unter Umständen eine zu geringe Planungssicherheit. Ist es jedoch der explizite Wunsch des Kunden, einen Vertrag mit relativ kurzer Vertragsgrundlaufzeit zu schließen, so ist eine Regelung angemessen, nach der sich der Kunde bei Vertragsbeendigung verpflichtet, das übergegangene Personal »zurückzunehmen«. Eine kurze Laufzeit ist aber auch für den Kunden nachteilig, weil Einsparpotenziale sehr viel schwieriger zu realisieren sind. Nur bei einer partnerschaftlichen Festlegung einer Grundlaufzeit sind Investitionen durch den SP zur Kostenoptimierung denkbar.

Das SLA definiert neben der Grundlaufzeit regelmäßig auch die jeweilige Verlängerung des Vertrags um die gleiche oder eine kürzere Zeitspanne, wenn keine der Parteien den Vertrag mit einer festgelegten Frist zum jeweiligen Vertragsende kündigt.

Erbringt der SP für mehrere Kunden gleichzeitig Leistungen, wird häufig auch die Möglichkeit von Anschlusskündigungen vereinbart. Entscheidet sich zum Beispiel nur ein Kunde den Vertrag zu beenden, so wird vereinbart, dass der Vertrag mit den verbleibenden Parteien fortgesetzt wird. Den verbleibenden Parteien soll jedoch, wegen der dann meist notwendigen Anpassungen von Rahmenbedingungen, die Möglichkeit gegeben werden, sich ebenfalls von dem Vertrag zu lösen. Kündigt eine Partei in der vereinbarten Frist, haben die verbleibenden Parteien in einer meist auf drei Monate festgeschriebenen Folgefrist die Möglichkeit, sich der Kündigung anzuschließen.

Die Parteien sollten besondere Gründe für die vorzeitige Beendigungsmöglichkeit des Vertrags festlegen. So wird regelmäßig vereinbart, dass den Parteien insbesondere dann ein außerordentliches Kündigungsrecht zusteht, wenn die andere Vertragspartei zahlungsunfähig wird. Weitere Gründe, weshalb die Fortsetzung des Vertrags für eine Vertragspartei unzumutbar sein kann, sind denkbar und sollten ebenso vertraglich festgehalten werden.

2.1.6 Abwicklungsfragen bei Beendigung des Vertrags

Bereits bei Abschluss des Vertrags sollten die Parteien gemeinsam festlegen, wie bei Vertragsbeendigung zu verfahren ist. Häufig wird vereinbart, dass der Kunde sämtliche dann beim SP vorhandenen Vermögensgegenstände, die er für die Erbringung der Leistungen vorhält beziehungsweise vorgehalten hat, zu denselben Konditionen (abzüglich etwaiger Abschreibungen) zurücknimmt, zu denen der SP sie bei Vertragsbeginn vom Kunden übernommen hat.

Es ist auch üblich, dass sich der Kunde verpflichtet, die zu diesem Zeitpunkt beim SP zur Leistungserbringung beschäftigten Arbeitnehmer zu übernehmen. Dies kann entweder im Rahmen eines erneut ausgelösten Betriebsübergangs geschehen oder aber – im Hinblick auf einen möglichen Wandel der Gesetzeslage – explizit vereinbart werden. Auch wenn die Parteien keine Rückübertragung von Vermögenswerten beabsichtigen oder die Übertragung von Vermögenswerten für die Parteien nicht relevant ist, sollten sie sich über den Verbleib des übernommenen Personals einigen. Für den Kunden kann das von entscheidender Bedeutung sein, insbesondere dann, wenn sogenannte Schlüsselmitarbeiter und Know-how-Träger zuvor auf den SP übergegangen sind. Dies gilt umso mehr mit Blick auf die kontroversen Entscheidungen von Bundesarbeitsgericht und Europäischem Gerichtshof über die Frage, ob bereits eine reine Funktionsnachfolge betriebsübergangsauslösende Wirkung entfalten kann oder nicht.[17]

2.1.7 Streitschlichtungs- und Gerichtsbarkeitsklausel

Da es sich bei dem SLA um eine Vereinbarung handelt, die auf lange kooperative Zusammenarbeit ausgerichtet ist, sollten die Parteien festlegen, wie im Fall von Meinungsverschiedenheiten zu verfahren ist. An erster Stelle steht hier üblicherweise und zwingend das Gespräch zwischen den Parteien – zum Teil unter schrittweiser Einbeziehung unterschiedlicher Hierarchieebenen der Vertragspartner. Kann auf diesem Weg keine Einigung erzielt werden, können die Parteien

17 Vgl. aktuellen Rechtsprechungsstand bei Willemsen, Heinz-Josef, in: Willemsen/Hohenstatt/Schweibert/Seibt: Umstrukturierung und Übertragung von Unternehmen, Arbeitsrechtliches Handbuch, 2., überarbeitete Auflage, München 2003, G Rn. 47; hiernach gilt, dass das Bundesarbeitsgericht (BAG) eine Funktionsnachfolge grundsätzlich nicht als ausreichend erachtet, vgl. aber BAG, Urteil vom 13.6.2006 – 8 AZR 551/05.

eine abschließende Streitschlichtung durch einen einvernehmlich bestimmten, unabhängigen Streitschlichter beziehungsweise Sachverständigen suchen. Falls auch kein Einvernehmen über den Sachverständigen hergestellt werden kann, können die Parteien vereinbaren, einen von einer unabhängigen Stelle berufenen Sachverständigen einzuschalten. Alternativ besteht die Möglichkeit, die Entscheidung unmittelbar durch ein Schiedsgericht herbeizuführen oder aber an erster Stelle einen Mediator als Streitschlichter zu berufen, um eine einvernehmliche Lösung zu erzielen. Misslingt der Versuch des Mediators, eine Streitschlichtung zu erzielen, so kann als nächste Instanz eine Schiedsgerichtsbarkeit vereinbart werden. Wegen der langen Verfahrensdauer und dem Grundsatz der Öffentlichkeit ist es eher unüblich, die Zuständigkeit der ordentlichen Gerichte zu vereinbaren.

Legen die Parteien eine bestimmte Verfahrensart außerhalb der ordentlichen Gerichtsbarkeit fest, so müssen sie gleichzeitig vereinbaren, ob die von dritter Seite getroffene Entscheidung abschließend und bindend sein soll.

2.1.8 Aufschiebende Bedingung

Das SLA wird regelmäßig unter der aufschiebenden Bedingung geschlossen, dass der Asset-Vertrag – sofern ein solcher vereinbart wird – wirksam wird. So wird vermieden, dass der SP Pflichten zu übernehmen hat, die er faktisch noch nicht erfüllen kann.

2.1.9 Allgemeine Klauseln

Wie in jedem anderen Dienstleistungs- oder Werkvertrag muss das SLA Regelungen über Gewährleistung und Haftung, Vertragsänderungen und -ergänzungen, Einsatz von Subunternehmern, Force Majeur, anwendbares Recht und ähnliche enthalten.

2.2 Asset-Vertrag

Der Asset-Vertrag[18] regelt die Übernahme von Vermögensgegenständen des Kunden durch den SP. Entscheidet sich der Kunde, Leistungen, die nicht zu seinem Kerngeschäft gehören, durch einen SP erbringen zu lassen, benötigt er in der Regel auch die für diese Leistungen notwendigen Hilfsmittel, Werkzeuge und Verbrauchsstoffe (Vermögensgegenstände) nicht mehr. Er hat ein Interesse daran, diese Vermögensgegenstände an den SP zu übertragen. Für den SP ist die Übertragung von Vorteil, weil er dadurch sämtliche oder zumindest einen Großteil der Vermögensgegenstände erhält, die er unmittelbar mit Beginn des SLA für die Leistungserbringung – zumindest in der ersten Übergangsphase – benötigt. Das Grundgerüst eines Asset-Vertrags beinhaltet die üblichen im Kaufvertrag vorzufindenden Vertragsklauseln.

2.2.1 Kaufgegenstand

Der Kaufgegenstand wird beschrieben durch sämtliche beim Kunden vorhandenen Vermögensgegenstände, die er bisher (ausschließlich) für die nun outgesourcten Leistungen benötigt hat. Neben diesen Vermögensgegenständen kann zugleich die Übertragung von Verträgen vereinbart werden. Sollen Verträge, die der Kunde mit Dritten geschlossen hat, auf den SP übertragen werden, bedarf es der Zustimmung des Dritten. Folglich muss geregelt werden, wie die Parteien verfahren wollen, sofern der Dritte seine Zustimmung verweigert.

2.2.2 Kaufpreis

Als Kaufpreis wird regelmäßig der Buchwert der zu übertragenden Vermögensgegenstände angesetzt. Hierdurch wird deutlich, dass der Asset-Vertrag im Rahmen des Outsourcings nicht mit Gewinnerzielungsabsicht geschlossen wird.

18 Der Asset-Vertrag ist nicht zwingend. Die Parteien können auch vereinbaren, dass der Kunde dem SP die Hilfs- und Betriebsmittel im Rahmen eines Leih- oder Mietvertrages zur Verfügung stellt. Ist dieses beabsichtigt, bedarf es jedoch dezidierter Regelungen für den Fall, dass der Kunde diese Mitwirkungspflichten nicht erfüllt. Wer trägt das Ausfallrisiko, wer ist für Verzögerungen haftbar, wer übernimmt die Versicherung, wie erfolgt die Nachbeschaffung von Verbrauchsmaterialien etc.?

Häufig handelt es sich bei diesem Kauf um einen Vorgang, der nicht der Umsatzsteuer unterliegt, weil er als eine Geschäftsveräußerung im Ganzen gemäß § 1 Abs. 1a Umsatzsteuergesetz angesehen wird.

2.2.3 Betriebsübergang

Eine der wichtigsten Bestimmungen im Asset-Vertrag ist die Klausel zum Betriebsübergang, obwohl sie unter rein rechtlichen Gesichtspunkten nicht zwingend erforderlich ist. Durch die Veräußerung eines Betriebs oder eines Teilbetriebs statuiert § 613a BGB bereits die Rechtsfolge, den Übergang der dem Betrieb oder Teilbetrieb zugehörigen Mitarbeiter auf den SP von Gesetzes wegen. Richtigerweise müsste eine solche Klausel somit eher mit »Mitarbeiter« oder »Personal« tituliert werden.

§ 613a Abs. 1 BGB besagt kurz gefasst, dass sämtliche Arbeitsverhältnisse, die dem outgesourcten Betrieb oder Teilbetrieb zuzuordnen sind, auf den Betriebsübernehmer, mithin den SP, übergehen. Dies gilt kraft Gesetzes, also unabhängig davon, was die Vertragsparteien vereinbaren. Benennt der Kunde bestimmte Mitarbeiter, die auf den SP übergehen, so können sehr wohl weitere Mitarbeiter einen Betriebsübergang auf den SP geltend machen, sofern sie ebenfalls dem outgesourcten Betrieb oder Teilbetrieb angehören.

Der Übergang der Mitarbeiter erfolgt so, dass der SP mit allen Rechten und Pflichten in die Stellung des bisherigen Arbeitgebers, das heißt des Kunden, eintritt. Dies bedeutet zugleich, dass der SP auch für sämtliche Altverbindlichkeiten des Kunden gegenüber diesen Mitarbeitern einzustehen hat.

Der SP sollte sich daher eine Liste aushändigen lassen, die alle Mitarbeiter umfasst, die dem Betrieb oder Teilbetrieb zuzuordnen sind. Die Übersicht sollte auch eine dezidierte Auflistung aller kommerziellen und nicht kommerziellen Vereinbarungen, Bedingungen und Besonderheiten enthalten, die mit dem einzelnen Mitarbeiter verbindlich abgesprochen wurden. Darunter fallen etwa die vereinbarte Vergütung oder die tarifliche Eingruppierung sowie die zugesagte Sondervergütung, aber auch die Zuordnung von Sonderfunktionen, wie zum Beispiel Beauftragte/r für Arbeitssicherheit, freigestelltes/nicht freigestelltes Betriebsratsmitglied und dergleichen mehr. Zugleich ist es für den SP ratsam, sich vom Kunden die Richtigkeit und Vollständigkeit dieser Liste garantieren zu lassen.

Vor Vertragsbeginn liegt die Kenntnis darüber, welche Arbeitnehmer dem outgesourcten Betrieb oder Teilbetrieb zuzuordnen sind, ausschließlich beim Kunden. Es ist daher üblich, dass der Kunde den SP von sämtlichen Ansprüchen und Kosten freistellt, die zum Beispiel dadurch entstehen, dass einem Arbeitnehmer eine höhere Vergütung als aufgeführt geschuldet wird, oder aber dadurch, dass weitere Arbeitnehmer, die nicht vom Kunden benannt wurden, einen Betriebsübergang auf den SP geltend machen.

Zeitgleich mit dem Übergang der Arbeitnehmer überträgt der Kunde dem SP etwaige bei ihm gebildete Rückstellungen für Pensionen, Altersteilzeit, Jubiläen etc. Das heißt, der Kunde leistet an den SP eine Zahlung, die dem Rückstellungsbetrag entspricht. Die Frage, ob die Rückstellungen insbesondere für Pensionen ausreichend sind, wird in der Regel durch gesonderte Pensionsgutachten beantwortet. Sofern beim Kunden und dem SP unterschiedliche Bewertungsansätze für Pensionsrückstellungen zur Anwendung kommen, muss festgelegt werden, welche Bewertung für die zu übertragenden Rückstellungen entscheidend ist. Es muss also festgehalten werden, ob der Kunde neben den tatsächlich gebildeten Rückstellungen zum Beispiel zusätzliche Zahlungen an den SP zu erbringen hat. Erfolgt keine solche Festlegung, läuft der SP Gefahr, die Rückstellungen für die übernommenen Mitarbeiter nach seinen hausinternen Bewertungsrichtlinien erhöhen zu müssen.

Im Rahmen des Betriebsübergangs ist für den SP zudem von besonderer Bedeutung, welche kollektivrechtlichen Regelungen für die zu übernehmenden Arbeitnehmer zur Anwendung kommen.[19] Hat der SP dieselbe Tarifbindung wie der Kunde, gelten die tariflichen Regelungen unverändert fort. Hat der SP jedoch keine oder eine andere Tarifbindung, gelten die tariflichen Regelungen ebenfalls fort, jedoch meistens individualvertraglich. Das heißt, sie werden zum Zeitpunkt des Betriebsübergangs Vertragsbestandteil des individuellen Arbeitsvertrags des übernommenen Arbeitnehmers. Änderungen der tariflichen Regelungen nach Betriebsübergang bleiben dagegen wirkungslos. Wird ein gesamter Betrieb, für den gesonderte Betriebsvereinbarungen gelten, übertragen und wird dieser Betrieb durch den SP unverändert fortgeführt, gelten auch die Betriebsvereinbarungen unverändert fort. Übernimmt der SP nur einen Teilbetrieb, werden die

19 Zur genauen Abgrenzungen im Rahmen von sogenannten Bezugnahmeklauseln und der Tarifbindung der Arbeitnehmer wird verwiesen auf die Ausführungen von Hohenstatt, Klaus-Stefan, in: Willemsen/Hohenstatt/Schweibert/Seibt, 2003, E.

Regelungen der Betriebsvereinbarung zum Zeitpunkt des Betriebsübergangs in individuelle Regelungen des einzelnen Arbeitsverhältnisses transformiert.

Die aus dem Kollektivrecht in das individuelle Arbeitsverhältnis transformierten Regelungen dürfen gemäß § 613a Abs. 1 S. 2 BGB grundsätzlich erst nach Ablauf eines Jahres nach dem Zeitpunkt des Übergangs zum Nachteil des Arbeitnehmers geändert werden.

Etwas anderes gilt dann, wenn die Rechte und Pflichten bei dem neuen Inhaber durch Rechtsnormen eines anderen Tarifvertrags oder durch eine andere Betriebsvereinbarung geregelt werden. Die beim SP geltenden Regelungen können dann unmittelbar zur Anwendung kommen. Eine Änderung zum Nachteil des Arbeitnehmers ist auch innerhalb des Sperrjahres möglich, wenn der bisher geltende Tarifvertrag oder die bisher geltende Betriebsvereinbarung nicht mehr fortgilt oder wenn weder SP noch Arbeitnehmer tariflich gebunden sind und die Anwendung eines anderen Tarifvertrags zwischen ihnen vereinbart wird.

Nach Ablauf des Sperrjahres besteht zwar grundsätzlich die Möglichkeit, die arbeitsvertraglichen Bedingungen zu ändern, jedoch müssen die allgemeinen arbeitsrechtlichen Vorschriften beachtet werden. Eine individualvertragliche Änderung ohne Zustimmung des Arbeitnehmers ist mithin nur in Form einer Änderungskündigung möglich, das heißt, nur wenn auch die besonderen Gründe für eine Änderungskündigung vorliegen.

Je nachdem, ob der Betrieb unverändert fortgeführt wird oder nicht, hat dies auch Einfluss auf den Bestand und die Zuständigkeit des Betriebsrates. Wird nicht der gesamte Betrieb fortgeführt, können die Regelungen zum Übergangsmandat gemäß § 21a BetrVG zur Anwendung kommen.[20]

Um dem Arbeitnehmer Bestandsschutz zu gewähren, besagt § 613a Abs. 4 BGB zugleich, dass der SP keine Kündigungen wegen des Betriebsübergangs aussprechen darf. Durch die Bezugnahme auf den Betriebsübergang stellt der Gesetzgeber sicher, dass der Arbeitnehmer nicht besser gestellt wird, insbesondere personen- und verhaltensbedingte Kündigungen bleiben möglich.

Letztlich schützt § 613a Abs. 6 BGB die Vertragsfreiheit, indem der Arbeitnehmer dem Betriebsübergang auf den SP innerhalb eines Monats nach Unterrich-

20 Weiterführend Hohenstatt, Klaus-Stefan, in: Willemsen/Hohenstatt/Schweibert/Seibt, 2003, D Rn. 74 ff.

tung widersprechen kann. Die Unterrichtung nach § 613a Abs. 5 BGB muss schriftlich erfolgen und den Arbeitnehmer umfassend über die Rechtsfolgen des Betriebsübergangs für sein Arbeitsverhältnis informieren. Wird der Arbeitnehmer nicht schriftlich oder nur unvollständig unterrichtet, läuft die einmonatige Widerspruchsfrist nicht an, der betroffene Mitarbeiter kann in diesem Fall auch noch zu einem sehr viel späteren Zeitpunkt von seinem Widerspruchsrecht Gebrauch machen. Da die Vertragsparteien den Beginn der Laufzeit des SLA zu einem bestimmten Stichtag vereinbaren, muss also genügend Vorlaufzeit eingeplant werden, damit zum Stichtag das notwendige Personal auch vorhanden und einsatzbereit ist. Sollten Mitarbeiter dem Betriebsübergang widersprechen, kann dies erheblichen Einfluss auf die im SLA vereinbarten Leistungen haben.

Die Vertragsparteien müssen somit einerseits festlegen, durch wen die schriftliche Unterrichtung der Arbeitnehmer erfolgt, und andererseits eine Regelung finden, wie bei Widersprüchen gegen den Betriebsübergang zu verfahren ist. Insoweit einigen sich die Parteien regelmäßig über Hilfskonstrukte, um die Leistungserfüllung zu gewährleisten. So ist es üblich, zu vereinbaren, dass der Kunde dem SP soweit möglich eigene Mitarbeiter im Rahmen von Arbeitnehmerüberlassungsverträgen zur Verfügung stellt. Für den Fall, dass eine große Anzahl von Mitarbeitern dem Betriebsübergang widerspricht, wird dem SP in der Regel sogar ein außerordentliches Kündigungsrecht des SLA eingeräumt, verbunden mit einem Rücktrittsrecht vom Asset-Vertrag. Um die Anwendung dieser Hilfskonstrukte zu vermeiden, ist es ratsam, die Arbeitnehmer frühzeitig einzubeziehen und entsprechende Überzeugungsarbeit zu leisten.

2.2.4 Fusionskontrolle

Je nach Größe der beteiligten Unternehmen muss der Asset-Vertrag unter der aufschiebenden Bedingung geschlossen werden, dass die zuständige Kartellbehörde den Zusammenschluss kontrollrechtlich freigibt bzw. eine Nichtuntersagung verfügt. Je nach Umfang der zu übertragenden Dienstleistungen beziehungsweise des Umsatzzuwachses beim SP sowie der gemeinschaftsweiten Bedeutung des Zusammenschlusses entscheidet hierüber entweder das Bundeskartellamt nach Maßgabe der Vorschriften des GWB[21] oder die Europäische Kommission nach Maßgabe des Vertrags zur Gründung der Europäischen Gemeinschaft.

21 Gesetz gegen Wettbewerbsbeschränkungen.

Die nationalen Vorschriften der Zusammenschlusskontrolle kommen gemäß § 35 Abs. 1 GWB zur Anwendung, wenn im letzten Geschäftsjahr vor dem Zusammenschluss die beteiligten Unternehmen insgesamt weltweit Umsatzerlöse von mehr als 500 Millionen Euro erwirtschaftet haben und mindestens ein beteiligtes Unternehmen im Inland Umsatzerlöse von mehr als 25 Millionen Euro erzielt hat. Bei konzernzugehörigen Unternehmen sind nicht die Umsatzerlöse der Einzelgesellschaft, sondern die Umsatzerlöse des gesamten Konzerns entscheidend. § 39 Abs. 1 GWB verpflichtet die beteiligten Unternehmen, den Zusammenschluss vor seinem Vollzug beim Bundeskartellamt anzumelden, andernfalls droht ein empfindliches Bußgeld. Zudem verbietet § 41 Abs. 1 S. 1 GWB den Vollzug eines nicht freigegebenen Zusammenschlusses vor Ablauf der genannten Prüfungsfristen des Bundeskartellamts. Verstöße gegen dieses Verbot führen zur Unwirksamkeit der zugrunde liegenden Rechtsgeschäfte.

2.2.5 Weitere Klauseln

Der Asset-Vertrag enthält neben der salvatorischen weitere Klauseln zu Risikoübergang, Gewährleistung, Gerichtsstand und so fort, auf die hier nicht näher eingegangen werden soll.

3 Resümee

In diesem Beitrag wurden die Kernpunkte dargestellt, die üblicherweise in einem »Outsourcingvertrag« geregelt werden sollten. Eine abschließende Auflistung sämtlicher notwendiger Vertragsbestandteile eines »Outsourcingvertrags« war nicht das Ziel. Aufgrund der Vielfalt der möglichen Leistungsübertragungen, der unterschiedlichen Bedürfnisse der Parteien und verschiedener vertraglicher Gestaltungsvarianten muss sie dem konkreten Einzelfall überlassen werden.

Vorsprung halten im »Gutsein«

Interview mit Detlef Wetzel

Das Interview mit Detlef Wetzel, Bezirksleiter IG Metall Nordrhein-Westfalen, erschien in der Wirtschaftszeitung Produktion. Es ist Teil einer Reihe, in der Chefredakteur Eduard Altmann mit Teilnehmern des Roundtables auf dem Berliner Maschinenbaugipfel 2006 sprach. Die speziell gekennzeichneten Zusatzfragen* entstanden bei der Redaktion dieses Buches und wurden von D. Wetzel freundlicherweise nachträglich beantwortet.

Ist Job-Export eine Folge von Globalisierung oder des technischen Fortschritts?

Gott sei Dank gibt es viele Unternehmen, die Beschäftigung nicht nur halten, sondern sogar aufbauen. Und es gibt solche, die das nicht können, die einfach schlecht sind. Job-Export ist eine Folge von unbegabtem Management. Unternehmen, die auf neue Produkte, Know-how, Qualität, Kundennutzen, Marktnähe und Mitarbeiterbeteiligung setzen, entwickeln sich tendenziell gut. Unternehmen, die Kostenmanagement in den Vordergrund stellen, sind tendenziell erfolglos, bauen Personal ab. Die einen können es, die anderen nicht. Das kann man nicht auf Globalisierung oder technischen Fortschritt schieben.

Halten Sie Kostenmanagement also für unnötig?

Aber nein. Wir halten nur nichts von »billig«. Daher heißt unser Motto »besser statt billiger«. Und »besser« schließt für uns »kostengünstig« ein. Aber billig ist nur billig. Und es gibt immer irgendwo auf der Welt ein Land, in dem ein einfaches Produkt billiger gefertigt werden kann als in Deutschland.

Das gilt auch für die Schlüsselbranche Maschinenbau...

Der deutsche Maschinenbau läuft gut. Und nicht deswegen, weil er die billigsten Maschinen anbietet, sondern die besten, mit dem größten Know-how, mit der höchsten Zuverlässigkeit, der höchsten Qualität, dem höchsten Kundennutzen. Billige Maschinen gibt es aus China oder Tschechien oder wo auch immer, einfache Maschinen. Gerade im Maschinenbau müssen wir sehen, dass wir unseren Vorsprung halten in Qualität, in Know-how, im Service, im »Gutsein«.

Lohnt es sich denn, Arbeit in Deutschland zu halten?

Das lohnt sich immer. Natürlich gibt es eine internationale Arbeitsteilung und natürlich haben wir ein Abwandern von Produkten. Die spannende Frage ist, ob die betroffenen Firmen in der Lage sind, rechtzeitig einen Strukturwandel herbeizuführen, ob sie also ein neues Produkt haben, das sie stattdessen herstellen können.

Woran kann das scheitern?

Zum einen am Management, das sagte ich schon. Zum andern bedarf es einer Qualifikation der Belegschaften, die den Strukturwandel ermöglicht. Dem Thema Qualifikation kommt ganz besondere Bedeutung zu. Und zwar auf Vorrat, nicht nur für den nächsten Tag. Wir müssen uns heute auf das vorbereiten, was uns auch in zwei und mehr Jahren gute Arbeitsplätze und Einkommen sichert.

Hilft da eine längere Arbeitszeit?

Wer seinen Laden nicht in Ordnung hat, wer ein veraltetes Produkt hat, was hilft dem eine längere Arbeitszeit? Das deckt nur die eigenen Schwächen wieder für ein, zwei Jahre zu. Um dann ein noch älteres Produkt, noch schlechteres Know-how, eine noch schlechtere Fertigung zu haben. Außerdem stellen solche Regelungen die Marktwirtschaft in Frage. Der Beste soll der Beste sein und wir Gewerkschaften versuchen, dafür gleiche Bedingungen herzustellen.

Geben Sie einem Ausbau des Niedriglohnsektors eine Chance?

Wir haben doch schon in nicht tarifgebundenen Firmen zum Teil erbärmliche Löhne. Wir haben die vielen geringfügig Beschäftigten. Wir haben im Bereich der Zeitarbeit erbärmliche Löhne. Wir sind doch verrückt, zu meinen, über ein Riesenangebot an Niedriglohn-Jobs erfolgreich zu sein. Ganz im Gegenteil – wir haben eher einen Mangel an hoch qualifizierten Arbeitsplätzen. Denn es findet doch ein Verdrängungswettbewerb von oben nach unten statt. Auf den schlechter qualifizierten Jobs sitzen heute schon die Höherqualifizierten. Den Niedriglohnbereich haben wir bereits und er schafft schon jetzt ein riesiges gesellschaftliches Problem. Sollen doch die Leute, die so etwas fordern, mal probeweise für das Geld arbeiten und damit leben. Nein, der Niedriglohn ist keine Perspektive für Deutschland.

Sehen Sie dann Zeitarbeit ähnlich?

Zum einen: Das ist die einzige Branche, die boomt. Zum andern: Leiharbeit setzt auf der wenig zukunftsträchtigen Billigstrategie auf. Inzwischen ersetzen immer mehr Betriebe ihre Stammbelegschaften durch Leiharbeitskräfte. Das geht auf

Dauer nicht, weil erfolgreiche Unternehmen ihre Know-how-Träger brauchen. Wer tauscht schon sein Gewinnerteam. Im Maschinenbau ist der Leiharbeiteranteil übrigens – genau deswegen – nicht so hoch.

Sie befürworten Mindestlohn...

International hat sich der Mindestlohn bewährt, selbst auf der marktradikalen britischen Insel gibt es einen hohen Mindestlohn. Ob mit oder ohne dieses Beispiel, wir haben uns der Frage zu stellen, wie die moralische Grenze aussieht. Arbeit ist wertvoll. Sie muss es auch bleiben. Andernfalls gäbe es doch grenzenloses Lohndumping bis zur Wiedereinführung der Kinderarbeit. Nur wer ohne Moral ist, sagt, dass Mindestlohn schädlich ist.

Hartz IV ist doch ein Ansatz zum Kombilohn.

Das war ja eine Weltreform. Arbeitsmarktpolitisch hat Hartz IV gar nichts gebracht, dem Staat allerdings mehr Ausgaben und nicht wenigen Menschen ein schlechteres Leben. Das Fördern, von dem mal die Rede war, findet überhaupt nicht statt. Insgesamt die größte Misserfolgsbaustelle der letzten Jahre für die Politik.

Sie sind wohl nicht gut auf Politiker zu sprechen...

Es wäre schön, wenn es anders wäre. Beispielsweise in der Herausforderung unserer alternden Gesellschaft. Was soll eine Politik, die lediglich das Rentenalter erhöhen will. Wo bleiben Rahmenbedingungen, die es Menschen erlauben, länger arbeiten zu können. Statt sich 65jährige am Hochofen vorstellen zu müssen. Nein, Politiker zeigen sich schon seit langer Zeit unfähig, die entscheidenden Dinge verantwortlich anzupacken.

Sehen Sie ein leuchtendes Beispiel für Deutschland in Sachen Arbeitsmarktpolitik?

Die skandinavischen Länder. Nehmen wir Dänemark mit seiner guten wirtschaftlichen Entwicklung und den niedrigen Arbeitslosenzahlen. Der Staat gibt dort erhebliche Mittel für Qualifikation und Weiterbildung aus. Die haben Kündigungsschutz und ein hohes Arbeitslosengeld bei Arbeitsplatzverlust.

Die IG Metall gilt aus Unternehmersicht als pragmatische Gewerkschaft im positiven Sinne.

Wir sind hart an der Front in einer stark exportorientierten Metallwirtschaft. Hart an den Forderungen des Weltmarkts. Wir sind nah dran an den Themen, wir wissen um die Dinge und wir denken lösungsorientiert.

Wenn Sie einen Wunsch frei hätten, was wäre das?

Dass sich möglichst viele der Unternehmen in Deutschland das Motto »besser statt billiger« auf ihre Fahne schreiben.

»Unternehmen, die im Wettbewerb bestehen wollen, müssen sich auf ihre Kernkompetenzen konzentrieren.« Teilen Sie diese Ansicht?*

Viele machen es sich so zu einfach. Natürlich sind Unternehmen mit den Leistungen besonders erfolgreich, die von den Beschäftigten besonders beherrscht werden. Das schließt aber eine umfassende Wertschöpfungstiefe keinesfalls aus. Schlichte Dogmen zu schlanken Unternehmensfunktionen sind da wenig hilfreich. Trendwellen, die unseren Mitgliedern den Job und den Betrieben die Substanz kosten, können wir uns einfach nicht leisten.

Sie haben bereits gesagt, es lohnt sich immer, Arbeit in Deutschland zu halten. Sehen Sie Outsourcing als Möglichkeit, neue, attraktive Arbeitsplätze in Deutschland zu schaffen?*

Nicht jede Verlagerung eines Arbeitsplatzes in eine veränderte unternehmerische Einheit muss schlecht sein. Gelingen neue Marktzugänge, können auch neue Arbeitsplätze entstehen. Es kommt also auf das an, was gewollt und gekonnt wird.

Gibt es Gründe, innerhalb Deutschlands »outzusourcen« und nicht gleich ins – billigere – Ausland zu gehen?*

Billiger ist das Ausland oft nur auf den ersten Blick. Die Gesamtbewertung muss stimmen. Es lohnt genau darum, den betrieblichen Konflikt auszutragen. Wenn das Ergebnis eine Verlagerung in die Region ist, kann auch das ein Gewinn sein. Letztlich müssen die Konditionen stimmen.

Bei der Auslagerung von Produktionsteilen oder unterstützenden Prozessen werden in der Regel auch Arbeitnehmer »ausgelagert«, gehen also auf ein anderes Unternehmen über. Steht die Gewerkschaft einem solchen Strukturwandel positiv gegenüber oder sehen Sie diese Entwicklung eher kritisch?*

Auslagerung für sich ist nicht positiv. Immer geht es um die Bedingungen, unter denen sie erfolgt, gestaltet oder verhindert wird. Für unsere Bewertung ist entscheidend, dass wir nicht in eine zunehmende Aufspaltung in Beschäftigte erster und zweiter Klasse hinein steuern. Mit gleicher Arbeit muss auch gleiches Geld zu verdienen sein.

Teil C
Best Practice

Auf welche Weise Outsourcing dazu beitragen kann, die eigenen Kernkompetenzen zu stärken, zeigen die nachfolgenden Beispiele. Die *Spezialraffinerie Salzbergen* verlässt sich bei Instandhaltung und Lagerhandling seit inzwischen mehr als zehn Jahren auf ein leistungsfähiges Dienstleistungsunternehmen. Die Kostensenkungseffekte, die durch die Auslagerung erzielt werden konnten, sind erheblich. Der weltweit führende Anbieter von Kran- und Hafentechnologie, *Demag Cranes,* verfolgt bei der Produktion von Industriekränen gleich mehrere Outsourcingansätze. Die Partner müssen je nach Umfang und Komplexität der ausgelagerten Produktionsbestandteile strenge Qualitätsanforderungen erfüllen. Auch *Bosch Rexroth* verlässt sich auf externe Partner. Der Spezialist für Hydraulikkomponenten und komplette Hydrauliklösungen überlässt die Lackierung individuell gefertigter Hydraulikaggregate einem Dienstleister und bindet ihn in das Qualitäts- und Umweltmanagement des Unternehmens ein. Welche Qualitäten Unternehmen an ihren Dienstleistern schätzen und durch welche Strategien sich Betriebe als potenzielle Outsourcingpartner empfehlen, zeigt das Beispiel der *Marquardt GmbH,* einem Familienunternehmen, das sich auf Schalter und Schaltsysteme für die Automobilindustrie spezialisiert hat.

Outsourcing in der Raffinerie Salzbergen

von Franz Geerdes

Die Spezialraffinerie in Salzbergen verarbeitet auf einer Fläche von 400.000 Quadratmetern jährlich mehr als 400.000 Tonnen rohölbasierte Einsatzstoffe für die chemische und pharmazeutische Industrie. Zusätzlich werden große Mengen an hochwertigen Auto- und Industrieschmierstoffen gemischt und abgefüllt. Dabei sind in der Raffinerie rund 350 eigene sowie etwa 150 Mitarbeiter von Zulieferfirmen beschäftigt. Der Industriekomplex ist heute die älteste noch produzierende Spezialraffinerie weltweit und dank umfangreicher Investitionen in den letzten zwei Jahrzehnten eine der modernsten ihrer Art.

Die Raffinerie im Wandel der Zeiten

Die Geschichte unseres Unternehmens verlief wechselhaft. Nach der Gründung im Jahr 1860 wurde zunächst Lampenöl aus Ölschiefer gewonnen, von dem es in der Region ausgedehnte Vorkommen gibt. Bereits wenige Jahre später gab man die aufwendige Erzeugung jedoch zugunsten der Verarbeitung von importiertem amerikanischem Rohöl wieder auf. Im Zuge der Industrialisierung wurden damals vor allem Schmierstoffe gebraucht.

1931 übernahm die Wintershall AG die Raffinerie. Zu dieser Zeit bildete die stark expandierende Eisenbahnindustrie die Hauptkundengruppe. Während des Ersten und Zweiten Weltkriegs musste das Werk dann für die deutsche Kriegswirtschaft produzieren und fiel im Frühjahr 1945 selbst einem Bombenangriff zum Opfer. Wintershall baute das Werk wieder auf und konzentrierte sich wie vor dem Krieg auf die Produktion von Schmierstoffen, diesmal aber insbesondere für die boomende Autoindustrie.

Nach einer Phase der kontinuierlichen Expansion erlitt die Raffinerie in den siebziger Jahren einen herben Rückschlag durch den ersten und zweiten Ölpreisschock, von dem sie sich lange nicht erholen konnte. Im Jahr 1994 übernahmen die Hamburger Hansen & Rosenthal Gruppe und die in Münster ansässige Schmierstoffgruppe Wilhelm Scholten die Anlage und retteten damit die Raffinerie vor der Schließung.

Erfolg mit hochwertigen Nischenprodukten

Heute firmiert die Spezialraffinerie Salzbergen zusammen mit einer Raffinerie in Hamburg-Neuhof, die die H&R-Gruppe 2004 von BP übernahm, unter dem Namen H&R ChemPharm GmbH. Gemeinsam bilden sie das Herzstück des börsennotierten Spezialchemiekonzerns H&R WASAG AG. Der Jahresumsatz des Standorts erreicht inzwischen 270 Millionen Euro.

Eine Basis für unseren Erfolg seit 1994 bildet die Konzentration auf hochwertige Nischenprodukte, die für Kunden in der ganzen Welt produziert werden. Verarbeitet werden dabei überwiegend die schweren Bestandteile des Rohöls, vor allem Rückstände aus der Kraftstoffproduktion. Die wichtigsten Produktgruppen sind Paraffine (Industriewachse), Weißöle (Hauptbestandteil von Hautcremes, gesundheitsverträglichen Kunststoffen) und Weichmacher (vor allem für die Reifenproduktion). Hinzu kommt eine Vielzahl hochwertiger Schmieröle für Industrieanwendungen und Kraftfahrzeuge, die in der Raffinerie gemischt und abgefüllt werden. Insgesamt stellen wir über 800 Produkte her, sodass nahezu jedes Chemie- und Pharmaunternehmen in Europa zum Kundenkreis der Spezialraffinerie Salzbergen gehört.

Die Optimierung der Geschäftsabläufe am Beispiel der Instandhaltung

Um den Erfolg auch langfristig sicherzustellen, baut die H&R ChemPharm auf hohe Sicherheits- und Qualitätsstandards und zuverlässige und erfahrene Mitarbeiter, die alle Arbeitsprozesse diszipliniert ausführen.

Die schwierige Firmensituation nach der Übernahme im Jahr 1994 veranlasste die Verantwortlichen zu weitreichenden Restrukturierungsmaßnahmen. In einem umfassenden Kostensenkungsprogramm kamen alle Positionen auf den Prüfstand. Alte Gewohnheiten, Strukturen und Abläufe wurden infrage gestellt. So auch in der Instandhaltung, wo die Ausgangssituation charakterisiert war durch:

- unflexible Personalstrukturen,
- fehlende Instandhaltungsstrategien und eingeschränktes Know-how sowie
- geringe Kostensicherheit und fehlende Transparenz.

Eine Analyse unserer Geschäftsprozesse ergab, dass eine effiziente Instandhaltung eine wichtige Voraussetzung für eine höhere qualitätsgerechte Produktion und eine hohe technische Anlagenverfügbarkeit war. Unsere Management-Kapazitäten wurden allerdings schon sehr stark beansprucht durch neue Anforderungen an unsere Produkte und unsere Produktionsorganisation. Schon bald wurde klar, dass eine Reorganisation der Instandhaltung mit Eingliederung von zusätzlichem Know-how in der eigenen Organisation nahezu unmöglich war.

Wir erkannten aber auch, dass die Instandhaltung nicht zwingend als eigene Betriebsabteilung organisiert sein musste. Ein zuverlässiger externer Instandhalter konnte die Aufgabe genauso lösen. Dabei bestand unser Ziel immer darin, auch neue Wege gemeinsam mit unseren erfahrenen Mitarbeitern zu gehen, wodurch die weiteren Schritte beeinflusst wurden.

Nach vielen Diskussionen, in die der Betriebsrat einbezogen wurde, entschied sich die Unternehmensleitung im Jahr 1996, das Konzept eines leitenden Mitarbeiters zu einem Management-Outsourcing anzunehmen. So konnten wir die Arbeitsplätze in der Instandhaltung erhalten, uns das Know-how der Mitarbeiter sichern und unseren Fixkostenblock entlasten.

Es zeigte sich aber bald, dass der neu gegründeten Firma die »kritische Masse« fehlte, um eine Strategie zur nachhaltigen Kostensenkung zu entwickeln. Unsere Erwartung wurde zunächst also enttäuscht. Daraufhin unterstützten wir aktiv die Suche nach einem kompetenten, leistungsfähigen Instandhaltungsdienstleister, der auf Erfahrung aus ähnlichen Outsourcing-Projekten aufbauen und unsere Vorstellung einer modernen Instandhaltungsstrategie vorantreiben konnte.

Outsourcing – höhere Effizienz durch Konzentration auf das Kerngeschäft

Noch im Jahr 1996 fanden wir ein leistungsfähiges Dienstleistungsunternehmen, das das MBO übernahm. Es wurde ein höherer Servicelevel vereinbart und alle Mitarbeiter blieben an Bord. Der Dienstleister übernahm zunächst die Budgetverantwortung für Normalreparaturen, Wartung und Inspektion. In einem zweiten Schritt kam das Lagerhandling für die Ersatzteile; das heißt, die Ersatzteilannahme, die Einlagerung, die Ausgabe und die Bestandsführung im ERP-System der Raffinerie hinzu.

Da der gesamte Workflow des Instandhaltungsprozesses – von der Meldung über die Materialannahme und den Leistungsabruf bei Subkontraktoren bis hin zur Kostenzuordnung – in unserem Abrechnungssystem festgehalten wurde, hatten wir jederzeit einen exakten Kostenüberblick, der auch dem Dienstleister online ermöglicht wurde.

Über einen Zeitraum von fünf Jahren erreichten wir mit dem langfristigen Instandhaltungsvertrag eine Kostensenkung um etwa 20 Prozent. Dabei hat es sich bewährt, in Jahreszielvereinbarungen die konkreten Produktionsziele festzulegen und auch den Mitarbeitern des Instandhaltungsunternehmens einen unmittelbaren Anteil am vereinbarten Bonus zukommen zu lassen. So haben wir sowohl die Mitarbeiter der Produktion als auch der Instandhaltung letztendlich an gemeinsame Ziele gebunden, was sich durchaus positiv und motivierend auf die tägliche Zusammenarbeit auswirkt.

Insbesondere durch den internationalen Wettbewerb, die Globalisierung der Unternehmen und die gegenseitige Öffnung der Märkte wird der Wettbewerb in der Prozessindustrie immer größer. Das heißt, dass die Kompetenzen immer weiter gebündelt werden müssen und der Gedanke des Konzentrierens auf das Kerngeschäft einen Meilenstein auf dem Weg zum nachhaltigen Erfolg unseres Unternehmens darstellt.

Eine logische Konsequenz unserer Unternehmensstrategie war es daher, im nächsten Schritt den Servicelevel der Instandhaltung zu erhöhen, indem eine direkte Schnittstelle zur Produktion eingerichtet wurde.

Durch die vertrauensvolle Zusammenarbeit mit unserem Instandhaltungsprovider motiviert, überführten wir 2006 die Bereiche

1. Instandhaltung,
2. Instandhaltungs-ERP-System,
3. Lagerhaltung und Logistik sowie
4. Subkontraktorenmanagement

in die Verantwortung unseres Dienstleisters. Er hat somit die Aufgabe, die Abnutzungsvorräte unserer Anlagen aktiv zu beeinflussen und damit unsere technische Anlagenverfügbarkeit zu sichern beziehungsweise weiter zu optimieren.

Durch diese Bündelung aller instandhaltungsrelevanten Dienstleistungen erwarten wir für die Zukunft eine weitere Optimierung der Instandhaltungsabläufe und Prozesse und somit eine signifikante Kostensenkung in noch einmal zweistelliger Prozenthöhe.

Strategische Partnerschaften bei Demag Cranes – für mehr Wettbewerbsfähigkeit und Wachstum

von Achim Kettlack und Ulrich Jörihsen

1 Einleitung

Im Demag Cranes-Konzern spielt das Thema »Outsourcing« in den letzten Jahren eine immer wichtigere Rolle. Dabei interpretieren wir den Begriff einerseits als Verlagerung eigener Wertschöpfung zu Drittanbietern, andererseits als regionale Ergänzung unserer eigenen Kapazitäten über Partnerschaften.

Während ersteres – im klassischen Sinn des Outsourcings – der Konzentration auf die eigenen Kernkompetenzen dient, ist die regionale Ergänzung der eigenen Produktionsbasis, weiter unten als Crane Partner Concept (CPC) unseres Geschäftsbereich Industriekrane näher beschrieben, im Wesentlichen von Logistik- und Flexibilisierungsbestrebungen getrieben. Im Folgenden werden Outsourcing-Ansätze aus diesem Geschäftsbereich vorgestellt.

2 Kosteneinsparungen durch »klassisches« Outsourcing

Die systematische Untersuchung der eigenen Wertschöpfungstiefe ist im Demag-Cranes-Konzern ein relativ junges Thema. Über Jahrzehnte steigerten wir die Fertigungstiefe immer weiter, was damals typisch für die Kranindustrie war. Im Zuge sich verändernder Wirtschafts- und Produktionsprozesse hat Demag Cranes die Potenziale der verstärkten Auslagerung erkannt und entsprechende Maßnahmen eingeleitet.

2002 begannen wir im heutigen Geschäftsbereich Industriekrane mit der systematischen Analyse unserer Fertigungsstandorte. Neben der Untersuchung der Herstellkosten unter Wettbewerbsgesichtspunkten wurden insbesondere die Kernkompetenzen als Kranhersteller analysiert. Im Ergebnis sieht sich Demag Cranes im Geschäftsbereich Industriekrane als Spezialist für hochwertige Krankomponenten – beispielsweise Hubwerke und Fahrantriebe – und als Systemanbieter vollständiger Krananlagen. Aufgrund erheblicher Kosteneinsparungspotenziale wurde in den vergangenen drei Jahren die Produktion von Baugruppen und Bauteilen – insbesondere Schweißbaugruppen, Aluminiumdruckguss und Elektronik – im Wert von über 30 Millionen Euro zu externen Unternehmen ausgelagert.

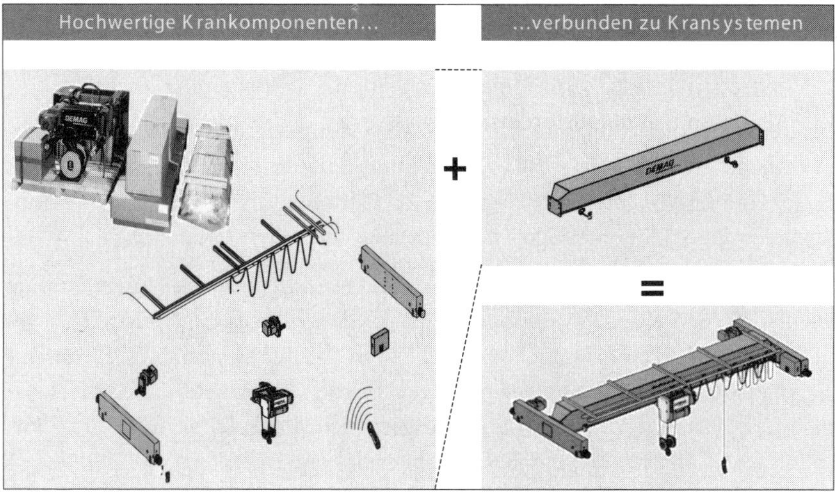

Quelle: Demag Cranes

Abbildung 11: Konzentration auf Komponenten mit hoher Wertschöpfung und deren Verknüpfung zu Kransystemen

Im Zuge des »klassischen« Outsourcings verfolgt Demag Cranes im Wesentlichen drei Ansätze.

2.1 Komponentenbeschaffung von etablierten Anbietern

Bei der einfachsten Form des Outsourcings setzen wir auf die Beschaffung der betreffenden Bauteile und Baugruppen von etablierten Anbietern. Es handelt sich hierbei in erster Linie um einfache Schweißkonstruktionen und Drehteile, die kein spezifisches Know-how verlangen. Nach einer Vorauswahl werden die potenziellen Lieferanten durch das Qualitätswesen der Demag Cranes AG bewertet. Aufgrund der geringen Komplexität und guten Marktverfügbarkeit der zu beschaffenden Teile wird die Lieferantenentscheidung in erster Linie unter wirtschaftlichen Gesichtspunkten getroffen.

2.2 Wertschöpfungspartnerschaft

Bedingt durch die hohe Komplexität und hohe Variantenanzahl der meisten Produktgruppen, müssen bei der Auswahl potenzieller Lieferanten wesentlich mehr Faktoren als nur der unmittelbare Kostenvorteil beachtet werden. Allein das Outsourcing der Elektronikbaugruppen umfasst weit mehr als 5.000 Artikel. Als besonders herausfordernd erweisen sich die anspruchsvollen Demag-Cranes-Spezifikationen für die neuen Partner. Über Jahre angeeignetes Fertigungs-Know-how muss auf die neuen Partner übertragen werden. Aus diesem Grund wird bei der Auswahl insbesondere Wert auf Entwicklungs- und Produktionskompetenzen gelegt. Darüber hinaus stellt Demag Cranes Teams bereit, die über drei bis sechs Monate die Fertigungseinführung beim Outsourcing-Partner begleiten. Ebenso ist es wichtig, bei den in Frage kommenden Partnern einen bedeutenden Umsatzanteil zu generieren, um einen angemessenen Einfluss auf Managemententscheidungen und Organisation ausüben zu können. Bei den ausgesuchten Partnern verzeichnet Demag Cranes in der Regel einen Anteil von mehr als 30 Prozent am Gesamtumsatz des jeweiligen Unternehmens. Schon vor Vertragsabschluss wird eine offene Kalkulation zur Preisfindung festgelegt, um bei der Vielzahl von zu verlagernden Artikeln eine faire Lösung für beide Seiten zu realisieren. Für Demag Cranes steht die partnerschaftliche und langfristige Bindung dabei im Vordergrund. Auf eine kurzfristige Ergebnisoptimierung wird zu Gunsten des Mehrwerts einer nachhaltigen Partnerschaft bewusst verzichtet.

Mit der Einführung von Outsourcing-Maßnahmen haben wir eine regelmäßige Wertanalyse der Produkte mit dem Lieferanten vereinbart. Damit soll insbesondere die Kostenbasis für beide Seiten verbessert werden. Wir wollen nicht nur das Optimierungspotenzial im Produktionsprozess untersuchen, sondern vor allem auch die Komplexität der Produkte reduzieren. Unsere Zielsetzung ist es, mit dem Lieferanten gemeinsam die unter Qualitäts- und Wirtschaftlichkeitsgesichtspunkten optimale Gestaltungsform der Produkte zu finden. Damit wird die Funktionserfüllung unter idealer Nutzung der Produktionsmöglichkeiten sichergestellt. Durch dieses Vorgehen profitiert Demag Cranes direkt und langfristig von den gemeinsam erzielten Kosteneinsparungen.

2.3 Veräußerung von Teilbetrieben

Die Veräußerung von Teilbetrieben an Investoren ist eine weitere Form der Wertschöpfungspartnerschaft. Dabei werden neben Liegenschaften und Produktionsausrüstungen auch erfahrene Produktionsmitarbeiter vom jeweiligen Investor übernommen, um so das Fertigungs-Know-how langfristig zu sichern. In regelmäßigen Treffen werden gemeinsame Maßnahmenpläne verabschiedet, die die langfristige Wettbewerbsfähigkeit beider Parteien stärken. Über die beschriebene Wertanalyse mit dem Lieferanten hinaus, arbeitet Demag Cranes in vielen Unternehmensbereichen mit diesen Partnern zusammen. So werden zum Beispiel Einkaufskonditionen der Partner entweder unter der Führerschaft oder unter Mitwirkung von Demag Cranes verhandelt.

Bislang haben sich die klassischen Outsourcing-Aktivitäten im Demag-Cranes-Konzern bezahlt gemacht. Die gesetzten Ziele, sowohl die wirtschaftlichen als auch die qualitativen, etwa im Bereich der langfristigen Produktverbesserungen, wurden erreicht. Darüber hinaus kann bei reduzierten Fixkosten nun deutlich flexibler auf Bedarfsschwankungen reagiert werden.

3 Regionale Ergänzung durch das Crane Partner Concept

Im Folgenden soll nun auf eine spezielle Variante der Demag-Cranes-Outsourcing-Strategie, das so genannte »Crane Partner Concept« (CPC) im Geschäftsbereich Industriekrane, eingegangen werden.

3.1 Der Grundgedanke des Crane Partner Concepts

Ansatz für das Crane Partner Concept (CPC) war, dass jeder global tätige Kranhersteller vor der Herausforderung steht, seine Kunden auch in großen, weniger industrialisierten Flächenregionen zu bedienen. Dies macht aber häufig die Überbrückung von erheblichen Distanzen zwischen den eigenen Fertigungsstätten und den Bestimmungsorten der Krane notwendig. Dabei ist zu berücksichtigen, dass Krane aufgrund ihrer Dimensionen – Kranträgerlängen von häufig mehr als 30 Metern und hohe Stückgewichte – signifikante Transportkosten verursachen. So lag der Gedanke nahe, über ein Netzwerk zuverlässiger Partner mit der Herstellung der Kranträger und der Endmontage näher an die Kunden zu rücken.

Fundament des CPC sind die drei eigenen strategischen Komponentenwerke in Brasilien, China und Deutschland. In diesen Werken werden wichtige Krankomponenten mit hoher Wertschöpfung hergestellt. Hierzu gehören beispielsweise die Hubwerke, aber auch Fahrwerke und Antriebe sowie Steuerungs- und Bedienelemente.

Die für die Höhe der Transportkosten relevanten Kranträger – im Regelfall geschweißte Kastenprofile aus Stahl – werden weltweit in 22 eigenen Kranwerken in den industrialisierten Regionen von 16 Ländern produziert. Hier erfolgt auch der Zusammenbau der Krane aus Maschinenbaukomponenten, Steuerungselementen und Kranträgern.

In den weniger industrialisierten Regionen, beispielsweise innerhalb Chinas mit Ausnahme der Industriezentren, arbeitet Demag Cranes mit Partnern zusammen, die in der Nähe des Kunden Kranträgerherstellung und Kranzusammenbau übernehmen. Dabei werden diese Partner mit den Demag-Cranes-Komponenten aus den eigenen Werken beliefert.

Mit dem CPC sichert Demag Cranes die kostengünstige Belieferung von Kunden auch außerhalb der großen Industriezentren und kann gleichzeitig die größtmögliche Flexibilität des Produktionsnetzwerkes realisieren.

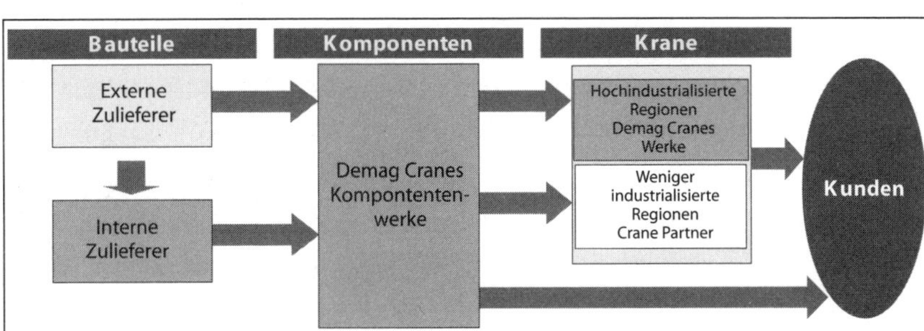

Quelle: Demag Cranes

Abbildung 12: Crane Partner Concept: Strategie für Kundennähe und Flexibilität

3.2 Größte Kundennähe durch Crane Partner Netzwerk

Die Crane Partner arbeiten generell nach den strengen Fertigungs- und Qualitätsvorgaben der Demag Cranes AG und werden laufend von deren Spezialisten bewertet. Damit erhält der Kunde die Sicherheit, jederzeit, unabhängig vom Produktionsort der Kranträger, einen Kran von höchster Qualität zu erhalten, die mit der Marke »Demag« seit fast zwei Jahrhunderten verbunden ist.

In vielen Fällen haben die Crane Partner einen eigenen, oft langjährig gewachsenen Kundenkontakt. Hier ist es sinnvoll, dass der Crane Partner neben der Produktionsleistung auch die Akquisition betreibt.

Im Regelfall jedoch sucht Demag Cranes selbst die unmittelbare Nähe zum Kunden. Die eigene Akquisitionsleistung, die besonders bei Prozesskranen mit einer anspruchsvollen und umfangreichen Beratung einhergeht, ist die Basis für Folgeleistungen des Geschäftsbereichs Services, der sich auf Instandhaltungs- und Modernisierungsarbeiten sowie das Ersatzteilgeschäft konzentriert.

Exkurs: Mit mehr als 650.000 Kranen und elektrischen Hebezeugen der Marke »Demag« verfügt Demag Cranes über die weltweit größte installierte Basis. Zurzeit werden allerdings nur rund 40 Prozent dieser Basis über den Geschäftsbereich Services betreut. Im Zuge des Outsourcing-Trends soll mittelfristig die Hälfte der eigenen Kranbasis von Demag-Cranes-Serviceleistungen bedient werden.

Elementare Voraussetzung für ein funktionsfähiges CPC ist neben den strategischen, eigenen Komponentenwerken die richtige Auswahl der Partner sowie deren laufende Betreuung. Im Regelfall werden kleinere Kranbauunternehmen zu Crane Partnern, die in bestimmten Marktsegmenten schon länger tätig sind und hierdurch die spezifischen Anforderungen der Kranproduktion kennen und beherrschen.

Erste Kontakte entstehen in der Regel durch planmäßige Untersuchungen des globalen Beschaffungsmarktes, aber auch durch Kenntnis der regionalen Märkte seitens der Vertriebs- und Services-Organisation.

Eine Basisbewertung durch Demag-Cranes-Fachleute aus den Bereichen Produktion, Qualitätsmanagement und Beschaffung stellt sicher, dass die technischen und wirtschaftlichen Voraussetzungen für eine Partnerschaft gegeben sind. So müssen beispielsweise bestimmte schweißtechnische Einrichtungen und Zertifizierungen der Mitarbeiter sowie eine funktionsfähige Qualitätssicherung einschließlich der relevanten Messtechnik vorhanden sein. Kommt – nach der erfolgreichen Abwicklung erster Aufträge – eine längerfristige Zusammenarbeit in Betracht, so wird diese durch entsprechende Rahmenverträge untermauert.

3.3 Nachhaltigkeit der Partnerschaft entscheidet

Die langfristige Ausrichtung der Zusammenarbeit ist ein weiteres, wesentliches Charakteristikum des erfolgreichen CPC, wobei die bestmögliche Erreichbarkeit der Kunden und gleichzeitige Optimierung der Flexibilität des Produktionsnetzwerkes immer im Vordergrund stehen. Entsprechend geht es bei dieser speziellen Form des Outsourcings nicht um die Verlagerung von Aktivitäten, die nicht zum Kerngeschäft gehören, an spezialisierte Dritte, sondern vielmehr um eine sinnvolle Ergänzung der eigenen Produktionskapazität durch regionale Partner. Die Nachhaltigkeit der Partnerschaft basiert dabei in erster Linie auf dem langfristigen strategischen Ansatz des Konzepts. Entscheidende Synergien und zusätzlicher Mehrwert werden dabei vor allem durch einen kundenorientierten Kompetenztransfer frei, den die Beteiligten als Investition in die Zukunft ihres Geschäftes sehen.

4 Zusammenfassung

Outsourcing ist für ein global tätiges Unternehmen wie die Demag Cranes AG heute ein wesentliches Element zur Sicherung der Wettbewerbsfähigkeit.

Im Sinne der Flexibilisierung und der Konzentration auf die eigenen Kernkompetenzen ist die Verlagerung der Produktion von Bauteilen und zunehmend ganzer Baugruppen von hoher strategischer Bedeutung. Gleichzeitig schafft der lokale Wertschöpfungsanteil eine besonders enge Form der Kunden- und Marktnähe. Daneben sichert das Crane Partner Concept die kostengünstige, flächendeckende und zügige Belieferung unserer Industriekrankunden auch in weniger industrialisierten Regionen.

Der sorgfältigen Auswahl der Outsourcing-Partner unter Qualitäts-, Kosten- und Logistikgesichtspunkten kommt dabei herausragende Bedeutung zu. Neben den strategischen Partnerschaften auf der Produktionsseite werden aus unserer Sicht zukünftig Partnerschaften in den Konstruktions- und Dienstleistungsbereichen weiter an Bedeutung gewinnen und neue Potenziale eröffnen.

Marquardt setzt auf den Erfolgsfaktor Innovationskraft

von Dr. Harald Marquardt

Die Marquardt-Gruppe ist ein familiengeprägtes Unternehmen mit Sitz im schwäbischen Rietheim-Weilheim, zirka 100 Kilometer südlich von Stuttgart, in der Nähe der Kreisstadt Tuttlingen. Das Unternehmen wurde 1925 von den beiden namensgleichen, aber nicht miteinander verwandten Unternehmerpersönlichkeiten Johannes und Johannes Marquardt gegründet und beide Familien sind in der dritten Generation in der Geschäftsführung des Unternehmens aktiv. Als Mechatronikspezialist entwickelt und produziert Marquardt Lösungen für Schalttechnik, die in zwei Geschäftsbereichen zusammengefasst sind. Zum einen ist dies der Bereich »Switches, Sensors und Controls« mit dem Fokus auf Schaltern und Schalttechnik inklusive Sensorik und Systemlösungen für Hausgeräte sowie Elektrowerkzeugschaltern. Auf diesem Gebiet sind wir Weltmarktführer bei Schaltern und Schalttechnik für Bohrmaschinen, Bohrhämmer und Winkelschleifer. Das zweite und umsatzstärkere Geschäftsfeld ist der in den letzten zehn Jahren auf- und ausgebaute Bereich für Automobilschalttechnik, zum Beispiel für Bedienfelder, elektronische Zündstartschalter, elektronische Schlüssel sowie Keyless-Go-Systeme.

Neben dem Hauptstandort in Rietheim-Weilheim gibt es zwei weitere Produktionsstandorte in Deutschland. Insgesamt werden in den drei deutschen Produktionsstätten rund 2.000 Mitarbeiter beschäftigt. Darüber hinaus bestehen acht Standorte im Ausland: zwei in den USA und jeweils einer in Frankreich, Tunesien, China, Indien, in der Schweiz und in Rumänien. Dort arbeiten noch einmal rund 2.000 Mitarbeiter für das Unternehmen. Trotz eines extremen Wettbewerbsdrucks ist es gelungen, die Mitarbeiterzahl in Deutschland nicht nur konstant zu halten, sondern sie seit 2002 sogar nachhaltig um mehr als 20 Prozent zu erhöhen. Daneben hat sich aufgrund des Wachstums die Mitarbeiterzahl an den ausländischen Standorten überproportional erhöht.

Gründe für dieses nachhaltige Wachstum sind zum einen der vor zirka zehn Jahren aufkommende Outsourcing-Trend, der nach Komplettlösungen verlangte. Zum anderen setzten insbesondere innovative, von Marquardt entwickelte Lösungen neue Standards in der Automobilindustrie – sowohl hinsichtlich

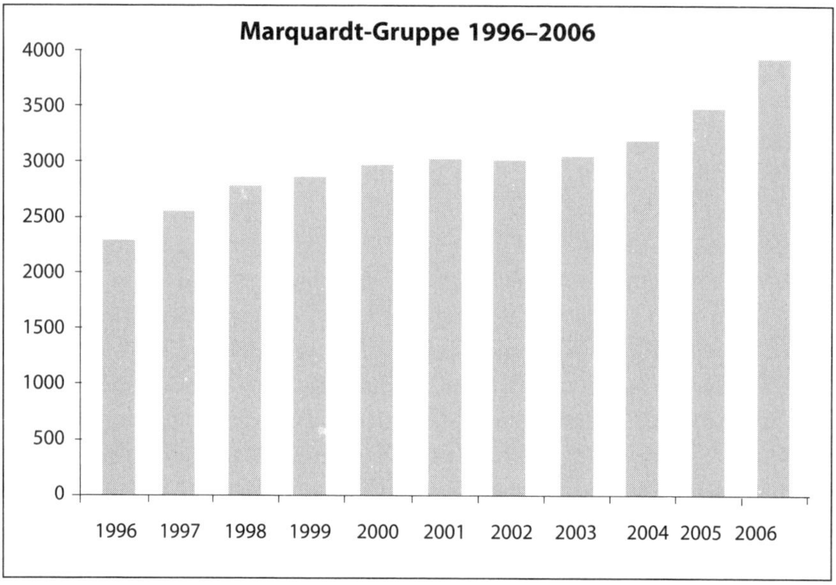

Quelle: Marquardt GmbH

Abbildung 13: Marquardt-Gesamtbelegschaft (im Jahresdurchschnitt, Quartalsendbestände)

ihrer Zuverlässigkeit als auch in Bezug auf ihre Diebstahlsicherheit. Sie waren außerdem wesentlich kostengünstiger als herkömmliche Techniken.

Damit die Produktideen von Marquardt überhaupt in der Automobilindustrie Fuß fassen konnten, bedurfte es einer gewissen Bereitschaft seitens der Automobilproduzenten, Leistungen, insbesondere rund um die Entwicklungstechnik, extern zu vergeben. Dazu war vor allem Vertrauen in die Leistungsbereitschaft und das Leistungsvermögen des Hauses Marquardt erforderlich. Heute ist die Autobranche ein komplexes System aus Automobilindustrie und Automobilzulieferindustrie, die ihrerseits Teilleistungen wieder outsourct. Und der Trend, Produktions- und Dienstleistungsbereiche auszugliedern, hält an und verstärkt sich zusehends.

Laut KPMG-Managerumfrage 2003/2004 halten 20 Prozent der befragten Manager Outsourcing für die wichtigste Möglichkeit, zukünftig Kosten einzusparen. Dabei beschränkt sich der Einsatz von Zulieferern mittlerweile nicht nur auf Teile und Komponenten, sondern auch auf Design, Performance und alles Übrige.[22] Hier konnte die Marquardt-Gruppe schon vor etlichen Jahren mit ihrer Strategie der Produktinnovation Fuß fassen und sich als innovativer Partner der Automobilhersteller etablieren.

Marquardt definiert Produktinnovation als die Erfindung von etwas Neuem, das sich produzieren und verkaufen lässt, dem Kunden einen Mehrwert bringt und deutlich mehr als die Entwicklungs- und Produktionskosten zurückspielt. So können Risiken begrenzt und Gewinne ermöglicht werden.

Im Jahre 2006 wurde mit Produkten, die nicht älter als fünf Jahre waren, mehr als 60 Prozent des Umsatzes realisiert. Zehn Jahre zuvor trugen Produkte, die nicht älter als fünf Jahre waren, weniger als ein Drittel zum damaligen Umsatz bei. Dabei gibt es bis heute noch kein strukturiertes Innovationsmanagement. Woran liegt es also, dass Marquardt von seinen Kunden als einer der innovativsten Partner gesehen wird?

Das folgende Beispiel zeigt, wie der Schritt Richtung innovatives Unternehmen gegangen werden konnte: Vor mehr als zehn Jahren schnellte aufgrund des Mauerfalls die Diebstahlrate insbesondere bei hochwertigen Fahrzeugen in Deutschland drastisch in die Höhe. Für die Automobilhersteller bedeutete das zunächst einen höheren Absatz, die Versicherungen aber forderten die Hersteller nach einiger Zeit auf, ihre Fahrzeuge diebstahlsicherer zu machen. In dieser Phase wurde Mercedes auf Marquardt aufmerksam. Gemeinsam wurde ein deutlich diebstahlsichereres System entwickelt, als es bis dato auf dem Markt angeboten wurde: Das elektronische Zündschloss oder Fahrberechtigungssystem, das mehrere Millionen Male schwerer zu knacken als ein Sechser im Lotto zu erzielen ist. Und selbst für den theoretischen Fall, dass eine Decodierung des Systems doch einmal gelingen sollte, ist es immer noch in der Lage, das gesamte Motormanagement lahmzulegen. Sämtliche Mercedes-Fahrzeuge sowie Fahrzeuge anderer Marken, wie zum Beispiel Audi, Porsche, VW und Bentley sind mittlerweile mit diesem System ausgestattet; andere Zulieferer und Hersteller haben es kopiert, sodass die Diebstahlquote sich seither deutlich reduzierte. Dies ist ein Beispiel für eine erfolgreiche Produktinnovation.

Die Innovation setzt sich auch fort, wenn es darum geht, Kundenwünsche in vermarktungsfähige, qualitativ hochwertige Produkte umzusetzen. Bedingt

22 Vgl. KPMG (Hrsg.): Impulse in der Automobilindustrie, KPMG-Managerumfrage in der Automobilindustrie 2003/2004.

durch die Machtkonzentration auf der Wettbewerbs- wie auf der Kundenseite hat und wird sich die Unternehmensstrategie laufend verändern. So ist das Unternehmen Marquardt von einem klassischen Zulieferer zu einem Systemanbieter geworden. Das heißt, die Probleme der Kunden werden analysiert und es wird versucht, ihnen Gesamtlösungen anzubieten. Hierfür wurde über mehrere Jahre ein sogenannter Produktentstehungsprozess konzipiert, der direkt in einen Auftragserfüllungsprozess mündet. In diesem Prozess, der sich in zehn Phasen gliedert, arbeiten Auftraggeber und F&E-Abteilung eng zusammen. Nach jeder Phase wird überprüft, ob die jeweilige Aufgabe erfüllt ist. Erst dann werden die Ergebnisse freigegeben und die nächste Phase eingeleitet. Die Phasen eins und zwei bilden den Angebotsprozess ab. In Phase zehn wird die Zielerreichung der Serie überprüft. Der eigentliche Produktentwicklungsprozess läuft in den Phasen dazwischen ab, wobei der Kunde in den Ablauf eingebunden ist. So wird sichergestellt, dass alle Anforderungen an das Produkt auch entsprechend umgesetzt werden. Die Bereitschaft zuzuhören und die Konstruktionssachkenntnis verhelfen zu einer besseren Produktion und letztendlich zum Erfolg.

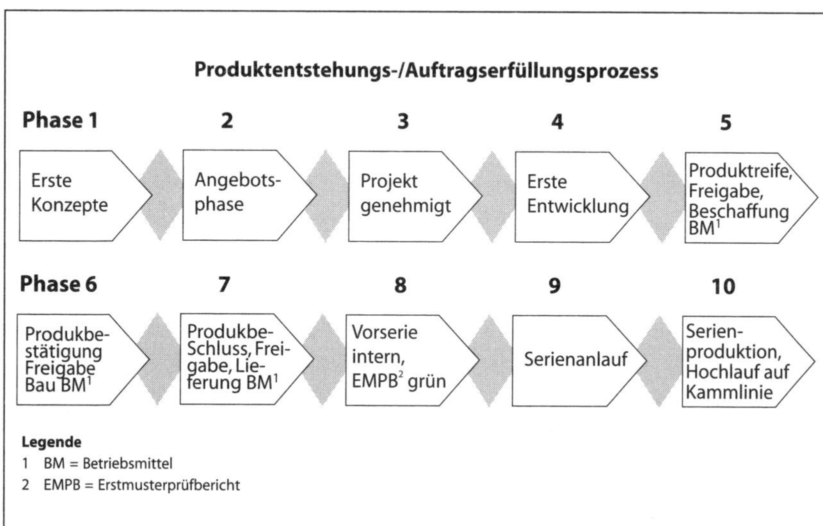

Quelle: Marquardt GmbH

Abbildung 14: Das Marquardt 10-Phasen-Modell

Das systematische Veränderungs- und Innovationsmanagement innerhalb der Gruppe führte zu einer steigenden Nachfrage nach gut ausgebildeten und qualifizierten Mitarbeitern. Nicht zuletzt deshalb bestehen Kooperationen mit Fachhochschulen und Universitäten, um dadurch ein kreatives und innovatives Umfeld zu schaffen. Darüber hinaus werden jährlich mindestens 1,5 Prozent der Gesamtleistung in die Aus- und Weiterbildung der Mitarbeiter investiert. Diese honorieren das hohe Unternehmensengagement durch ihre enorme Flexibilität, durch ihren vollen Einsatz und ihre Treue sowie durch ihre Zustimmung zu Betriebsvereinbarungen, die zu wettbewerbsfähigen Konditionen und Konstellationen auch und gerade an deutschen Fertigungsstandorten verhelfen.

Bei aller Euphorie über die Möglichkeiten des Outsourcings und die damit verbundene anfängliche Flexibilisierung der Kosten, verlangt das Thema doch auch nach einer differenzierteren Betrachtung: Einem Outsourcingprojekt, das nur darauf abzielt, die Bilanz zu bereinigen, fehlt die Nachhaltigkeit und die Innovationskraft. Die aber braucht es, um langfristig erfolgreich zu werden. Negativbeispiele insbesondere bei amerikanischen Großserienherstellern wie General Motors und Ford zeigen mit ihren Ausgliederungen (Delphi und Visteon), dass sie ohne Veränderungen in den Prozessen keine Verbesserungen erzielen können.

Für ein Outsourcing benötigt man die richtigen Partner, um die potenziellen Vorteile auch zu verwirklichen. Mit einem marktfähigen Partner, der zum Unternehmen und zu seiner Philosophie passt, können die vorhandenen Potenziale, wie die Verbesserung von Prozessen oder die Entwicklung innovativer Produkte, nachhaltig gehoben werden. Dabei sollte ein Unternehmen nicht alle Kompetenzen aus der Hand geben. Es stimmt zwar, dass man das, was andere besser können, tunlichst unterlassen sollte, aber es reicht nicht, jemanden zu kennen, der weiß wie es geht. Eine strategische Partnerschaft, die Idealform eines Outsourcings, benötigt Vertrauen, Flexibilität und Kompetenz auf beiden Seiten sowie die Bereitschaft langfristige Partnerschaften einzugehen.

Bosch Rexroth lässt lackieren

von Wolfgang Holzheuer

Mit Beginn des Jahres 2006 übergab die Bosch Rexroth AG im Rahmen eines Outsourcingprojekts einen Fertigungsschritt aus der Produktion von Hydrauliksystemen an die ThyssenKrupp Industrieservice GmbH in Ulm. Der externe Dienstleister erhielt den Auftrag, jährlich rund 400.000 Hydraulikantriebe für mobile Arbeitsmaschinen zu lackieren. Neben der eigentlichen Dienstleistung, die eng mit der Produktion von Rexroth verzahnt ist, umfasst das Outsourcing auch die gesamte Anlagentechnik, die Verwaltung und Beschaffung der Verbrauchsmaterialien sowie die Einbindung des Serviceproviders in das Qualitäts- und Umweltmanagement der Bosch Rexroth AG.

Die Bosch Rexroth AG

Ob in der Land- und Forstwirtschaft, auf dem Bau oder bei kommunalen Dienstleistungen: Mobile Arbeitsmaschinen, wie Traktoren, Bagger, Entsorgungs- und Feuerwehrfahrzeuge, bilden einen wichtigen Bestandteil unseres Lebens und erleichtern bei zahlreichen Tätigkeiten die menschliche Arbeit. Für die notwendige Kraft beim Antrieb und bei den Arbeitsfunktionen sorgt zumeist ein Hydrauliksystem. Die hierzu erforderlichen Hydraulikkomponenten und kompletten Hydrauliklösungen entwickelt und fertigt die Bosch Rexroth AG, die auf diesem Gebiet weltweit Marktführer ist. Dabei geht die technische Entwicklung in Richtung höherer Energieeffizienz, um den Kraftstoffverbrauch der Dieselmotoren zu senken. Die Rexroth-Hydrauliklösungen setzen darüber hinaus auf eine enge Verbindung mit digitaler Regelelektronik und stellen zahlreiche neue Funktionen bereit, die beispielsweise die Bedienung von Arbeitsmaschinen wesentlich vereinfachen.

Rexroth gehört zu den führenden Anbietern von Antriebs-, Steuerungs- und Bewegungstechnologie. In über 80 Ländern entwickelt, produziert und vertreibt The Drive & Control Company Komponenten und Systeme für die Industrie- und Fabrikautomation sowie für mobile Anwendungen. Im Jahr 2006 erzielte das Unternehmen der Bosch-Gruppe mit mehr als 29.300 Mitarbeitern einen Umsatz von rund 4,9 Milliarden Euro.

Im 1952 gegründeten Werk Elchingen entwickeln, fertigen und vertreiben rund 2.100 Mitarbeiter Axialkolbenpumpen und ergänzen sie mit Hydraulikventilen, Hydraulikmotoren sowie Elektronik und Getrieben zu einbaufertigen Baugruppen. Elchingen übernimmt dabei im weltweiten Produktionsverbund von Rexroth mit Fertigungsstätten in Europa, Asien und Amerika die Aufgabe des Leitwerks für die Herstellung von Axialkolbenmaschinen. Die hier definierten und bewährten Produktions- und Fertigungsprozesse sowie Qualitätsstandards gelten auch für alle anderen Fertigungswerke. So garantiert Rexroth eine weltweit gleich hohe Qualität.

High-Tech-Axialkolbenpumpe senkt den Kraftstoffverbrauch

Rexroth markiert mit innovativen Komponenten den aktuellen Stand der Technik. Das Herzstück der modernen hydraulischen Systeme bildet dabei die Axialkolbenpumpe. Sie erzeugt den Förderstrom der Hydraulikflüssigkeit und liefert damit den Aktoren, wie Baggerschaufeln, Drehleitern oder Kranen, die notwendige Kraft. Die über den Verbrennungsmotor des Fahrzeugs angetriebene Pumpe liefert einen Arbeitsdruck von bis zu 380 bar. Eine elektronische Steuerung verändert die Stellung einer Scheibe oder Achse innerhalb der Pumpe zum Förderstrom und regelt so stufenlos die Leistung. Damit fördert die Pumpe in allen Betriebszuständen nur so viel Hydraulikflüssigkeit, wie das System gerade benötigt. Diese bedarfsabhängige Leistungsregelung senkt im Vergleich zu nicht regelbaren Konstantpumpen den Energieverbrauch des Hauptmotors deutlich. Die robuste Mobilelektronik hat das Unternehmen in enger Zusammenarbeit mit Bosch, dem weltweit größten Automobilzulieferer, entwickelt. Mit seinen High-Tech-Axialkolbenpumpen und darauf abgestimmten Lösungen unterstützt Rexroth die Arbeitsmaschinenhersteller, diese Vorgaben zu erfüllen und gleichzeitig eine hohe Effizienz beizubehalten.

Mit Beginn des Jahres 2006 übernahm ThyssenKrupp Industrieservice in Ulm im Rahmen eines Outsourcingprojekts die Aufgabe, täglich rund 1.600 Baugruppen für solche Axialkolbenmaschinen zu lackieren. Die Aufgabe umfasst neben der reinen Dienstleistung des Lackierens auch die Wartung und den Unterhalt der Anlagen sowie die Verwaltung, Beschaffung und Entsorgung der Verbrauchsmaterialien. Die besondere Herausforderung: Rexroth bietet die kundenspezifischen Antriebe in nahezu 3.000 Varianten an. Die Leistungspalette reicht von sehr kleinen Pumpen mit einem Schluckvolumen von 5 ccm bis zu Hochleistungspumpen mit 250 ccm, die auch zu Mehrkreissystemen kombinierbar sind. Das Gewicht der Komponenten reicht je nach Baugröße von 5 kg bis zu 280 kg.

Das umfangreiche Komponentenprogramm, das über eine hohe Konfigurierbarkeit verfügt, erlaubt es, für jede Anwendung die optimale Lösung zu projektieren. Rexroth sammelt das hierzu notwendige Anwendungs-Know-how weltweit und stellt es über Branchenzentren zur Verfügung.

Quelle: Bosch Rexroth

Abbildung 15: Manueller Lackiervorgang der kundenspezifischen Konfiguration der Bosch-Rexroth-Produkte

Die Pumpen werden ausschließlich auftragsbezogen gefertigt und von Rexroth ab Werk mit Hydraulikventilen, -motoren sowie Sensoren und Steuerelektronik bestückt und zu kompletten Baugruppen zusammengefügt. Durch diese hohe Varianz eignen sich die Module nicht zur automatisierten Lackierung durch Roboter. Die kundenspezifische Konfiguration erfordert vielmehr das individuelle Abkleben oder Abdecken einzelner Flächen und Komponenten.

Schnittstelle Regalstellplatz

Als Schnittstelle zwischen Rexroth und dem Serviceprovider dient der Regalstellplatz im Warenverteilzentrum. Über den gemeinsamen Zugriff auf die Unternehmenssoftware entnimmt der Dienstleister die zu lackierenden Baugruppen nach vorgegebener Priorisierung aus dem Lager. Vor der Reinigung im Tauchbad verschließt ein Mitarbeiter die nach der Funktionsprüfung zunächst mit Plastikstopfen versiegelten Hydraulikanschlüsse mit Stahlverschlüssen. Dieser Arbeitsgang verhindert ein Eindringen von Reinigungsmedien oder Lack in das Innere der Pumpen.

Nach der Reinigung decken oder kleben die Lackierer die nicht zu bearbeitenden Stellen ab. Praktisch lackieren die Mitarbeiter nie zwei gleiche Baugruppen nacheinander. Jedem Werkstück liegt darum eine individuelle Arbeitsanweisung mit Abbildung und Lackspezifikation bei. Derzeit umfasst die Palette rund 30 verschiedene Farbtöne und Lackzusammensetzungen. Um die Schutzfunktion des Lackes noch weiter zu steigern, bietet Rexroth auch eine Doppellackierung mit einer Schichtdicke bis zu 0,08 mm an. Nach der manuellen Lackierung mit Lackierpistolen und der Trocknung übergibt der Dienstleister die Baugruppen wieder an die dafür vorgesehenen Regalplätze im Lager. Die rund 35 Mitarbeiter der Lackiererei bearbeiten täglich bis zu 1.600 Baugruppen. Über eine definierte Pufferregelung arbeitet ThyssenKrupp die Aufträge flexibel im vorgegebenen Zeitrahmen ab.

Ziel: Null-Fehler-Qualität

Neben der reinen Produktivität und Liefertermintreue fordert Rexroth von allen Lieferanten und Dienstleistern, sich dem Unternehmensziel der Null-Fehler-Qualität unterzuordnen. Dazu hat The Drive & Control Company Prozesse und Methoden übernommen, die sich im Unternehmensbereich Kraftfahrzeugtechnik von Robert Bosch bereits bewährt haben. Dort erfüllt Bosch die extrem hohen Qualitätsansprüche der Automobilindustrie. Das prozessorientierte Qua-

Quelle: Bosch Rexroth

Abbildung 16: Axialkolbenmaschinen für den Fahrantrieb mobiler Arbeitsmaschinen

litätsmanagementsystem von Rexroth arbeitet mit Regelkreisen, durch die eine kontinuierliche Verbesserung sämtlicher Arbeitsabläufe angestrebt wird. So setzt auch die Lackiererei in Elchingen Bosch-Qualitätsmethoden ein und arbeitet beispielsweise mit sogenannten Firewalls. Diese Tafeln direkt an den Fertigungsstationen dokumentieren für jeden Mitarbeiter sichtbar die aufgetretenen Fehler, die Ursachen, die eingeleiteten Maßnahmen sowie die erzielten Verbesserungen. Darüber hinaus ist die Lackiererei in das Fehlerverfolgungssystem des Herstellers eingebunden und stimmt sich in regelmäßigen Gesprächen mit dem Qualitätsmanagement von Rexroth ab.

Bei der Vergabe des Auftrags 2005 zielte Rexroth auf das Outsourcing des gesamten Prozesses. ThyssenKrupp Industrieservice konnte hier umfangreiche Erfahrung beim nachhaltigen Betrieb auch komplexer Dienstleistungen für Produktionsunternehmen vorweisen. Darüber hinaus bot das Unternehmen durch die Zugehörigkeit zur ThyssenKrupp Gruppe die notwendige wirtschaftliche Stabilität für eine langfristige Zusammenarbeit.

Schonender Umgang mit der Umwelt

Rexroth übergab die komplette Ausrüstung an den externen Dienstleister, der die Wartung in die eigene Verantwortung übernahm und die Verfügbarkeit garantierte. Darüber hinaus verpflichtete er sich auch zur Verwaltung und Beschaffung sämtlicher Verbrauchsmaterialien. Der Jahresverbrauch liegt bei rund 52 Tonnen Lack. Zusätzlich beschafft das Serviceunternehmen die Reinigungsmedien sowie die notwendigen Prozessgase und weitere Hilfsmittel. Einen wichtigen Aufgabenblock bildet auch die fachgerechte Entsorgung der Restmengen nach den Umweltvorgaben von Rexroth. Das Unternehmen bekennt sich in den Unternehmensgrundsätzen ausdrücklich zum schonenden Umgang mit den natürlichen Ressourcen und geht in den internen Richtlinien teilweise über die gesetzlichen Vorgaben hinaus. Das Werk Elchingen erstellt, wie alle produzierenden Standorte der Bosch Rexroth AG, eine Umweltbilanz und erstattet der Öffentlichkeit regelmäßig Bericht – auch über den Lackierbetrieb auf dem Werksgelände.

Bereits im ersten Jahr der Zusammenarbeit konnten die gesetzten Ziele erreicht werden, sowohl in der Qualität der Leistung als auch in der Produktivität. Über regelmäßige Prozessaudits decken Rexroth und der Serviceprovider gemeinsam Verbesserungspotenziale auf und setzen sie konsequent um. Für 2007 ist der komplette Umstieg auf lösemittelfreie Lacke und Reinigungsmedien geplant. Auch diese Veränderung werden beide Unternehmen in enger Zusammenarbeit erfolgreich umsetzen.

Teil D
Trends

Outsourcing kann dazu beitragen, die Leistungsfähigkeit der Unternehmen zu stärken und den Standort Deutschland langfristig zu sichern. Ausschlaggebend ist dabei die strategische Ausrichtung des individuellen Auslagerungsmodells. Kurzfristige Kosten- und Effizienzüberlegungen reichen bei der Neustrukturierung der Wertschöpfungsketten nicht aus. *Carsten Dreher* und *Steffen Kinkel* machen deutlich, dass Outsourcingstrategien die zukünftige Innovationsfähigkeit der Unternehmen nicht gefährden dürfen. Bevor also Kompetenzen und Know-how an Dienstleister ausgelagert werden, ist abzuwägen, wie dadurch die langfristige Flexibilität und Anpassungsfähigkeit der Unternehmen beeinflusst wird. Unterstützung bei der Outsourcingentscheidung könnten Modelle bieten, die dabei helfen, das individuell geeignete Integrationsmodell zu finden und zu implementieren. *Dieter Spath* fordert in seinem Beitrag Wirtschaft und Wissenschaft dazu auf, gemeinsam ein typologisierendes Stufenmodell zu entwickeln, das insbesondere kleinen und mittleren Unternehmen abgestimmte Methoden und Instrumente an die Hand gibt, um die geeigneten Partner zu finden und mit ihnen gemeinsam Chancen im internationalen Wettbewerb zu nutzen.

Auf lange Sicht: Outsourcing und langfristige Potenziale

von Prof. Dr. Carsten Dreher und Dr. Steffen Kinkel

Der Beitrag problematisiert den Konflikt, mit dem jedes Unternehmen konfrontiert ist, das vor der Entscheidung steht, Teile seiner Produktion auszulagern/ zu verlagern. Einerseits können durch Outsourcing (Kosten)Vorteile entstehen, andererseits besteht die Gefahr, langfristig das Spektrum zukunftsfähiger Kompetenzen im Unternehmen zu verringern. Zur Beurteilung der Chancen und Risiken, die mit einer Auslagerung verbunden sind, werden Befunde aus langfristigen Foresight-Projekten zur Entwicklung des europäischen Verarbeitenden Gewerbes (ManVis – Manufacturing Visions)[23] herangezogen und tatsächlichen Entscheidungsprozessen in deutschen Betrieben gegenübergestellt.

1 Einleitung

Outsourcing ist ein schillernder Begriff, der sowohl die reine kostengetriebene Verlagerung von Tätigkeiten als auch die strategische Herauslösung von Dienstleistungen sowie Fertigungsschritten und Zwischenprodukten aus einem Unternehmen umfassen kann. Dabei ist es das Ziel, einen Dritten mit einer Aufgabe zu betrauen, die er durch Skaleneffekte und höhere Kompetenzen besser und günstiger erfüllen kann als der Auftraggeber.

Bei der Verlagerungsdebatte muss man verschiedene Dimensionen konzeptionell unterscheiden:

23 Das von der EU-Kommission in Auftrag gegebene Projekt Manufacturing Visions (ManVis) zielt darauf ab, neue Visionen für die europäische Fertigungsindustrie der kommenden Jahrzehnte zu entwickeln. Insgesamt mehr als 3.000 Fachleute und Stakeholder aus Europa und der ganzen Welt haben sich an der Studie beteiligt. Siehe hierzu den folgenden Abschnitt 2. Weitere Informationen finden sich z.B. unter: http://www.manufacturing-visions.org und http://www.isi.fraunhofer.de/i/projekte/ManVis_d.htm (Stand 24.01.2007).

- *Offshoring* ist die Verlagerung der Produktion von allgemein verfügbaren Gütern und Dienstleistungen (Commodities) zu Standorten mit geringeren Arbeitskosten.
- *Outsourcing* bezeichnet die Auslagerung von Wertschöpfungsschritten zu Dritten, die diese auf Grund von Skaleneffekten (Economies of Scale) besser und billiger durchführen können als der Auftraggeber.
- *Verlagerung nah zu den Märkten* dient dem Ziel, im Wettbewerb um schnelle Lieferzeiten oder mit schnell wechselnden oder sich ändernden Produkten Vorteile zu erlangen.
- *Verlagerung nah zu Schlüsselkunden* soll ermöglichen, wichtige Informationen über die anspruchvollsten Kunden (Lead User) zu erfassen.

Bei dieser Unterscheidung wird deutlich, dass Kostenvorteile, anders als häufig in der öffentlichen Debatte angenommen, nur eine untergeordnete Rolle spielen – ausgenommen beim Offshoring. Beim Outsourcing kommt es darauf an, dass der Partner, der die Wertschöpfungsschritte übernimmt, tatsächlich besser, innovativer und flexibler herstellen kann – und damit verbundene Vorteile auch an das auslagernde Unternehmen weitergibt. Die Verlagerung hin zu wichtigen Schlüsselmärkten erfolgt zur Steigerung des Wachstums auf diesen Märkten und zur besseren Bedienung neuer, wichtiger werdender Kundengruppen. Insbesondere bei der Expansion nach Asien dürfte dieser Aspekt eine bedeutsame Rolle spielen. Auch die enge Anbindung an Vorreiterkunden hat mit Kostenüberlegungen nur am Rande zu tun. Durch gute Zusammenarbeit lassen sich Produkte und Dienstleistungen schneller weiterentwickeln und optimieren. Insgesamt ist demnach davon auszugehen, dass Verlagerungsentscheidungen weniger durch Kostenüberlegungen als durch Fragen der Innovationskraft, der Markterschließung etc. beeinflusst werden.

Das Schlüsselwort bei diesem Verständnis von Outsourcing ist der Begriff *Kompetenz.* In dem Moment, in dem man nicht nur die Produktion von sogenannten *Commodities*, also allgemein verfügbaren Gütern, wie zum Beispiel Standardschrauben, oder Leistungen, wie zum Beispiel Kantinenversorgung, nach außen vergibt, sondern Teile der eigenen Wertschöpfungskette auslagert, steht neben der Notwendigkeit des Kostenvergleichs (*Make-or-Buy*) noch die Entscheidung über das Halten oder Weggeben von Kompetenzen (*Keep-or-Sale*). Diese Kompetenzen liegen in Form von explizitem und kodifiziertem Wissen, möglichen Rechten daran (Patente, Schutzrechte), aber auch als Erfahrungswissen bei den Mitarbeiterinnen und Mitarbeitern vor.

Kompetenzen sind für die Sicherung der Innovationskraft und damit der Zukunftsfähigkeit von Unternehmen entscheidend. Sie bestimmen die dynamische Fähigkeit des Unternehmens, sich an veränderte Markt- und Umweltbedingungen anzupassen, seine Ressourcen zu erneuern und zu rekombinieren. Diese Fähigkeit beruht sowohl auf explizitem als auch implizitem Wissen im Unternehmen.

Im Folgenden werden zwei Ansätze vorgestellt, die auf wichtige langfristige Gefahren hinweisen: Zum einen werden Ergebnisse der Europäischen Foresight-Studie ManVis dargestellt, bei der mehr als 3.000 Industrie-Experten aus 22 europäischen Ländern im Rahmen einer Delphi-Befragung unter anderem darüber Auskunft gaben, wie sie die Strukturierung globaler Wertschöpfungsketten und den Umgang mit Wissen und Kompetenzen in den Unternehmen der Zukunft sehen. Diese langfristigen Erwartungen sollen zum anderen Untersuchungsbefunden gegenübergestellt werden, die detailliert das tatsächliche Verhalten und die Motive der Unternehmen bei Outsourcing und Offshoring untersuchen. Hierzu wird auf Unternehmensbefragungen zurückgegriffen, die das Fraunhofer-Institut für System- und Innovationsforschung ISI seit Jahren in den Betrieben des Verarbeitenden Gewerbes, insbesondere der Investitionsgüterindustrie, durchführt.

2 Wertschöpfungsketten und Kompetenzmanagement als Erfolgsfaktoren der Industrie der Zukunft

Die Europäische Kommission beauftragte ein Konsortium von 31 Partnern unter Führung des Fraunhofer ISI mit der Durchführung einer Technikvorausschau-Studie für das Verarbeitende Gewerbe in 22 Ländern. Dabei wurde, neben explorativen Workshops, eine Online-Delphi-Befragung mit über 3.000 Experten durchgeführt. Die Ergebnisse sind in mehreren Reports veröffentlicht.[24]

24 Siehe z.B.: Dreher, Carsten u.a.: Manufacturing Visions. Policy Summary and Recommendations, ManVis Report No. 6, Fraunhofer-Institut für System- und Innovationsforschung (ISI), Karlsruhe 2005; Armbruster, Heidi, et al.: Managing knowledge in manufacturing industries: results of a Delphi study in European manufacturing industry, International Journal of Foresight and Innovation Policy, Vol. 3, No. 3, 2007, S. 256–276.

Viele in der Delphi-Studie befragte Experten aus Unternehmen und Forschung erwarten für die nähere Zukunft eine weiterhin starke Verlagerung von Produktionsaufgaben nach China und Indien aufgrund der dortigen Kostenvorteile. Im Innovationswettbewerb werden derzeit die Vereinigten Staaten und Japan als die wichtigsten Wettbewerber angesehen. China und Indien zeigen jedoch ebenfalls Ambitionen, Forschung und Ausbildung deutlich zu verstärken, sodass auch diese Länder langfristig in den Innovationswettbewerb eintreten werden. Insbesondere traditionelle Sektoren, wie sie in einigen Staaten Europas noch vorherrschen, stehen aufgrund ihrer Arbeitsintensität unter enormem Kostendruck. Es ist daher damit zu rechnen, dass die Automatisierungsbemühungen in diesen Sektoren noch zunehmen werden.

Über den vergleichsweise kurzfristigen Horizont der nächsten fünf bis sieben Jahre hinaus wird allerdings vor allem bei den Löhnen (hoch-)qualifizierter Arbeitskräfte eine Annäherung erwartet. Einige Geschäftsbanken prognostizieren ein Pro-Kopf-Einkommen in China und Indien, das für bestimmte Qualifikationsstufen in zwanzig Jahren europäisches Niveau erreicht haben wird.

Weiterhin erwarten die ManVis-Experten für europäische Unternehmen einen Produktivitätsanstieg in der Fertigung, aber weniger in den Produktentwicklungsprozessen. Ein Großteil der Produktivitätsgewinne soll durch Investitionen in Automatisierungstechniken hervorgerufen werden. Dadurch wird erwartet, dass der Einfluss der variablen Kosten auf die Produktion sinkt und Skaleneffekte eine größere Bedeutung bekommen.

Die Produktion selbst wird immer weniger der Brennpunkt der industriellen Tätigkeit sein, während die Schnittstelle zu den Kunden und die Interaktion mit den Kunden über eine flexible agile Wertschöpfungskette an Bedeutung gewinnen wird. Ein agiles Unternehmen muss viele Produktwechsel und Änderungen bewältigen können und diesen Wandel durch entsprechende Routinen verstetigen. So erwarten die Experten beispielsweise, dass sich die Entwicklungszeit für Autos innerhalb der nächsten zehn Jahre auf ein Drittel der bisherigen Zeit verringern wird. Dabei wird die gesamte Wertschöpfungskette als Innovationssystem verstanden, das Produktentwicklung, Fertigung, Dienstleistungen und Logistik umfasst und zukünftig den Kern der globalen Wettbewerbsfähigkeit eines Unternehmens darstellt.

Daneben werden viele Unternehmen versuchen, durch horizontale Verwertung ihres Wissens neue Produkte und Leistungen auch für benachbarte Märkte zu entwerfen. Dabei und bei der Optimierung, schnellen Anpassung und Neu-Aufstellung der Wertschöpfungsketten kommt es auf die Wissensbestände und die Ausnutzung der angesammelten Kompetenzen im Unternehmen an.

Zu den überlebenswichtigen Erfolgsfaktoren wird es in Zukunft zählen, Werkzeuge und Systeme der Wissensverwaltung zu schaffen, das Wissen im Unternehmen zu verteilen und die notwendige Logistik zu steuern. Die ManVis-Experten haben daher auch die Thesen, die sich mit Wissens- und Kompetenzmanagement befassen, als besonders wichtig eingestuft. Sie betreffen einerseits die Akquise neuen Wissens durch Kooperationen mit industriellen Partnern und Forschungseinrichtungen und andererseits die Stärkung der Wissensvielfalt im Unternehmen mittels der Beschäftigung von Menschen mit ganz unterschiedlichen Ausbildungen, Berufserfahrungen oder kulturellen Hintergründen.

Interne Aktivitäten, wie Weiterbildung, Abbau unqualifizierter Arbeitsaufgaben in den Betrieben und die Aufhebung der Wissensteilung innerhalb der Unternehmen durch sich selbst organisierende Teams und eine kommunikationsfreundliche Unternehmenskultur, werden ebenfalls als sehr wichtig eingeschätzt.

Viele ManVis-Experten glauben, dass die Ausbildungs- und Erziehungssysteme in den beteiligten Ländern keine vorab geeigneten Mitarbeiter bereitstellen werden. Sie gehen daher davon aus, dass die Unternehmen selbst die Verantwortung für die Entwicklung und Qualifizierung ihrer Mitarbeiterinnen und Mitarbeiter übernehmen oder ein entsprechend befruchtendes Umfeld im Unternehmen schaffen müssen. Die Wettbewerbswirkungen solcher Aktivitäten wurden von den befragten Experten sehr hoch eingeschätzt.

Die ManVis-Experten aus Europa senden also die klare Botschaft, dass die Position der europäischen Industrie im globalen Wettbewerb zukünftig auf der Performance der gesamten Wertschöpfungskette beruht. Die Fähigkeit des industriellen Systems, sich durch Verwertung und Neustrukturierung der Wissensbestände und durch Integration neuen Wissens zu verändern, wird dabei entscheidend. Neben der Geschwindigkeit, mit der dieser Wandel durchgeführt wird, ist dabei das schlichte Vorhandensein von Wissenspools und Kompetenzen notwendig. Das heißt aber, dass der Umgang mit diesen Kompetenzen unter strategischen Gesichtspunkten zu erfolgen hat, die das Innovationspotenzial und die Zukunft sichern. Dazu gehört:

- strategische Langfristüberlegungen in die Outsourcing-Entscheidung einzubeziehen,

- Kompetenzen im Zweifel im Unternehmen zu behalten und deren Verwendung zu optimieren, zumindestens aber Anschlussfähigkeit an externes Wissen sicherzustellen und entsprechende Netzwerke zu pflegen,
- neben allen sonstigen Portfolio-Überlegungen, die Kompetenz- und Wissensportfolios sozusagen als »Gen-Pools« für die Innovationsfähigkeit in der langfristigen Zukunft zu betrachten.

Nur dann können die Unternehmen auch langfristig in die von ihnen gewünschte oder für erforderlich gehaltene Richtung voranschreiten. Ob es dazu kommt, lässt sich nach dieser Tour d'Horizon nur durch einen nüchternen Blick auf die derzeitige Entscheidungspraxis in der deutschen Industrie beurteilen.

3 Outsourcing und Offshoring in der betrieblichen Praxis

In der betrieblichen Praxis wird im Kontext von Outsourcing-Entscheidungen seit Beginn der 1990er Jahre das Management-Leitbild der »Konzentration auf Kernkompetenzen«[25] favorisiert. Die in diesem Leitbild stark verkürzte Hauptbotschaft lautet, dass die unternehmerischen Aktivitäten konsequent auf die strategischen Fähigkeiten zu konzentrieren sind, die Alleinstellungsmerkmale gegenüber den Wettbewerbern bedeuten bzw. die Wurzeln zukünftiger Innovations- und Wettbewerbsfähigkeit in sich bergen. Es gibt jedoch Anzeichen, dass Auslagerungsentscheidungen häufig gerade nicht aus strategischen Überlegungen getroffen werden. Belastbare Daten, die Auskunft darüber geben, welchen Stellenwert In- und Outsourcing-Aktivitäten in der Praxis tatsächlich haben und welche Motive die unternehmerischen Entscheidungen beeinflussen, sind jedoch bis heute nur unzureichend vorhanden.

25 Prahalad, C.K./Hamel, Gary: The Core Competence of the Corporation, in: Harvard Business Review, May/June 1990, S. 79–91.

3.1 Relevanz von Outsourcing und Offshoring – keine Einbahnstraßen

Auswertungen der Umfrage *Innovationen in der Produktion 2001*, die das Fraunhofer ISI unter insgesamt 1.630 Betrieben aus den Kernbranchen des Verarbeitenden Gewerbes (Metall- und Elektroindustrie, Chemische und Kunststoffverarbeitende Industrie) in Deutschland durchgeführt hat, zeigen, dass es in deutschen Unternehmen zur verbreiteten Praxis gehört, Leistungen auszulagern, aber auch, sie wieder in den Betrieb zurückzuholen.[26] So haben allein im Zweijahreszeitraum 2000 und 2001 insgesamt 41 Prozent der Unternehmen Fertigungsleistungen ausgelagert (Abbildung 17). Über ein Viertel der Unternehmen haben im gleichen Zeitraum bislang selbst erbrachte Entwicklungsleistungen fremd vergeben. Outsourcing-Entscheidungen betreffen demnach auch Bereiche wie die Produktentwicklung, die in den meisten Unternehmen zu den Kernkompetenzen zählt. In diesem Wert könnte zum Ausdruck kommen, dass das Zusammenwachsen von Technologiefeldern neue Kompetenzanforderungen an die Entwicklung stellt, die den Rückgriff auf unternehmensexterne Ressourcen immer stärker erforderlich machen.

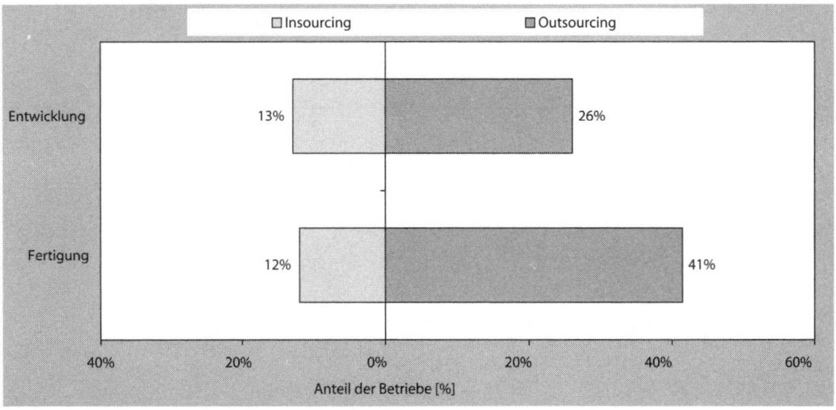

Quelle: Erhebung *Innovationen in der Produktion* 2001, Fraunhofer ISI

Abbildung 17: Anteil der Betriebe im Verarbeitenden Gewerbe, die zwischen 1999 und 2001 Out- oder Insourcing betrieben haben

26 Vgl. Kinkel, Steffen/Lay, Gunter: Fertigungstiefe – Ballast oder Kapital? Stand und Effekte von Out- und Insourcing im Verarbeitenden Gewerbe Deutschlands. Mitteilungen aus der Produktionsinnovationserhebung Nr. 30, Fraunhofer-Institut für System- und Innovationsforschung (ISI), Karlsruhe 2003.

Parallel zu den dargestellten Outsourcing-Aktivitäten hat aber auch eine relevante Anzahl von Betrieben ein Insourcing durchgeführt. Im Entwicklungsbereich haben 13 Prozent aller Firmen Aufgaben wieder in den eigenen Betrieb zurückgeholt – immerhin halb so viele wie ausgelagert haben. In ähnlichem Umfang (12 Prozent) wurden auch Fertigungsleistungen reintegriert, was etwa 30 Prozent gemessen am Anteil der outsourcenden Firmen entspricht. Die Zahlen belegen, dass Sourcing-Entscheidungen trotz oder vielleicht gerade wegen der intensiven Kernkompetenz-Debatte keine Einbahnstraße in Richtung geringere Eigenleistungstiefe sind. Wie die Motive im Folgenden zeigen, werden zum einen gerade Insourcing-Entscheidungen auch bewusst getroffen, um das Eigenleistungsspektrum aus strategischen Gesichtspunkten zu erweitern und neue Kernkompetenzen aufzubauen. Zum anderen werden Out- und Insourcing aber auch als Instrumente genutzt, um flexibel Kapazitätsspitzen abfangen zu können.

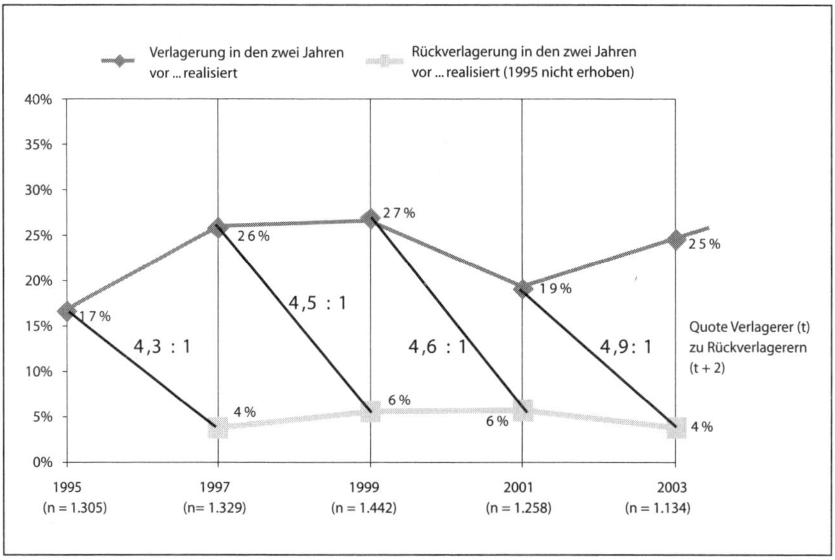

Quelle: Erhebung *Innovationen in der Produktion* 1995, 1997, 1999, 2001, 2003 (Metall- und Elektroindustrie) Fraunhofer ISI

Abbildung 18: Entwicklung der Verlagerer- und Rückverlagererquote im Zeitverlauf (Deutsche Metall- und Elektroindustrie)

Die internationale Dimension des Outsourcings von Fertigungsleistungen stellen Produktionsverlagerungen ins Ausland, auf Neudeutsch Produktions-Offshoring, dar. Dabei sind streng genommen nur diejenigen Produktionsverlagerungen auch Outsourcingaktivitäten, die an ausländische Zulieferer und nicht an ausländische Standorte des eigenen Unternehmens erfolgen. Wie Analysen der Umfrage *Innovationen in der Produktion 2003* des Fraunhofer ISI zeigen, hat in den zwei Jahren 2002 und 2003 ein Viertel aller Betriebe der Metall- und Elektroindustrie Teile der Produktion ins Ausland verlagert.[27] Davon sind mit circa 37 Prozent Outsourcingaktivitäten zu ausländischen Zulieferfirmen in etwa ebenso stark gewichtet wie das Offshoring zu eigenen Produktionsstandorten im Ausland (43 Prozent), rund 20 Prozent der Betriebe haben im Betrachtungszeitraum beide Optionen wahrgenommen. Der Anteil der Betriebe, der Produktion ins Ausland verlagert hat, stieg gegenüber 2001 auf 25 Prozent an (Abbildung 18). Diese zusätzliche Dynamik ist insbesondere auf die Erweiterung der EU um zehn neue Mitgliedsländer zurückzuführen. Mit 45 Prozent war diese Zielregion führend vor Asien (29 Prozent) und Westeuropa (28 Prozent).

Doch auch Rückverlagerungen von Produktionskapazitäten nach Deutschland haben einen quantifizierbaren Stellenwert. Hochgerechnet 4,4 Prozent aller Firmen haben zwischen 2001 und 2003 Teile ihrer Produktion wieder zurückgeholt. Wie sich weiter zeigt, folgen Rückverlagerungen um zwei Jahre zeitversetzt dem Verlagerungstrend.[28] Daraus wird folgendes Muster ersichtlich: Auf jeden vierten bis fünften Verlagerer kommt zwei Jahre später ein Rückverlagerer der Produktion. Bei den Verlagerungsentscheidungen scheinen sich demnach in 20 bis 25 Prozent der Fälle nicht alle Hoffnungen zu erfüllen, die man ursprünglich in sie gesetzt hat.

27 Vgl. Kinkel, Steffen/Lay, Gunter/Maloca, Spomenka: Produktionsverlagerungen ins Ausland und Rückverlagerungen, Bericht zum BMF-Forschungsauftrag Nr. 8/04, Fraunhofer-Institut für System- und Innovationsforschung (ISI), Karlsruhe 2004, S. 10.

28 Vgl. Kinkel, Steffen/Lay, Gunter: Produktionsverlagerungen unter der Lupe, Mitteilungen aus der Produktionsinnovationserhebung Nr. 34, Fraunhofer-Institut für System- und Innovationsforschung (ISI), Karlsruhe 2004, S. 4.

3.2 Motive für Outsourcing- und Insourcing-Entscheidungen – strategische Überlegungen von untergeordneter Bedeutung

Bei den Motiven für Outsourcing-Entscheidungen sind operative Kosten- und Kapazitätsauslastungsgründe dominierend.[29] Etwa drei Viertel der Betriebe nennen günstigere Kosten für die zu erbringende Leistung beim externen Spezialisten als treibenden Grund (Abbildung 19). An zweiter Stelle folgt die Möglichkeit, durch Outsourcing flexibel eigene Überlastsituationen abzupuffern (etwa zwei Drittel der Nennungen). Die Einschätzung, dass der Outsourcing-Partner die Leistung kompetenter erbringen kann als der eigene Betrieb, ist insbesondere bei der Vergabe von Entwicklungsleistungen (46 Prozent) ein treibendes Motiv, weniger bei Fertigungsleistungen (38 Prozent). Entgegen gängiger Meinungen nutzen nur weniger als ein Viertel der Betriebe das Outsourcing bewusst, um durch Fremdvergabe an geeignete Partner das eigene Leistungsspektrum strategisch auf die Kernkompetenzen zu reduzieren. Dabei wird gerade dieses strategische Kalkül mit Bezug zur eigenen zukünftigen Innovations- und Wettbewerbsfähigkeit als zentrale Überlegung von den Protagonisten des Kernkompetenzansatzes gefordert.

Bei den Motiven für Insourcing-Entscheidungen dominieren dagegen Qualitätsprobleme, Flexibilitätseinbußen und Kompetenzargumente mit jeweils etwa 50 Prozent der Nennungen. Es scheinen sich also nicht alle Hoffnungen der Outsourcing-Initiativen, die auf fremde Spezialkompetenzen setzen, zu erfüllen. Bei Entscheidungen über eine Rückverlagerung aus dem Ausland ist darüber hinaus noch der Aspekt der hohen Koordinations- und Betreuungskosten wichtig, die durch die Auslandsaktivitäten am heimischen Stammsitz anfallen und vielfach deutlich unterschätzt werden.[30] Bemerkenswert ist, dass immerhin etwa ein Drittel der Unternehmen angibt, das Insourcing insbesondere von Entwicklungsleistungen gezielt zu nutzen, um das eigene Leistungsspektrum zu erweitern. Dieser Befund macht deutlich, dass Sourcing-Strategien, die wirklich strategisch und nicht nur auf Basis von Kosten- und Effizienzüberlegungen durchgeführt werden, nicht nur zur Reduktion der eigenen Leistungstiefe dienen, sondern in der Praxis auch gezielt zum Auf- und Ausbau von Kernkompetenzen genutzt werden.

29 Vgl. Kinkel/Lay, Fertigungstiefe – Ballast oder Kapital?, 2003, S. 4.
30 Vgl. Kinkel/Lay/Maloca, 2004, S. 31.

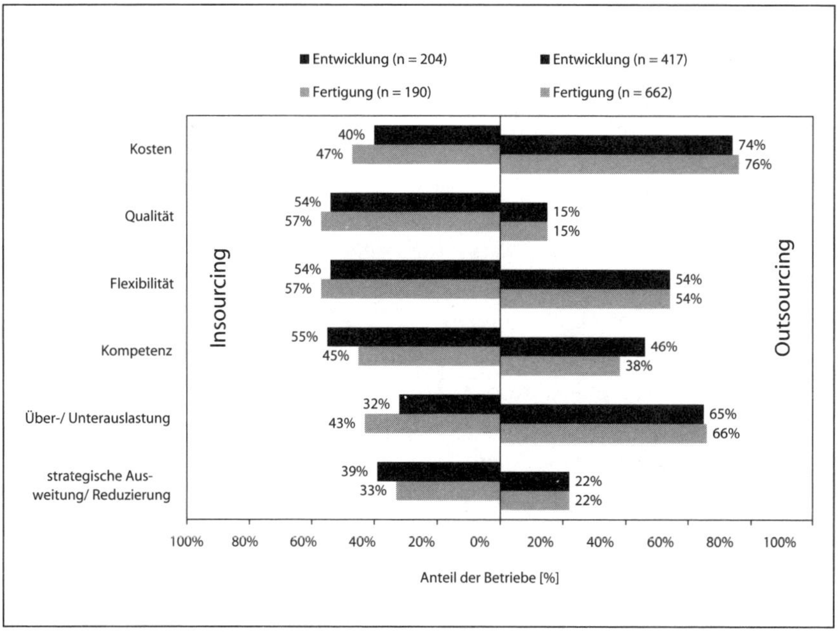

Quelle: Erhebung *Innovationen in der Produktion* 2001, Fraunhofer ISI

Abbildung 19: Gründe für das Out- oder Insourcing von Entwicklungs- und Fertigungsleistungen (Mehrfachnennungen)

Interessanterweise sind auch gerade diejenigen Firmen, die die höchsten Eigenleistungsanteile bei Entwicklung und Produktion aufweisen, die wirtschaftlich erfolgreichsten. Betriebe, die bei der eigenen Entwicklungstiefe zum oberen Drittel gehören, weisen die vergleichsweise höchsten Umsätze mit Produktinnovationen, aber auch die höchsten Umsatzrenditen vor Steuern auf.[31] Und Betriebe mit einer Fertigungstiefe im oberen Drittel zeigen sich bei Durchlaufzeiten und Umsatzrendite überlegen. Mit Outsourcing-Entscheidungen in diesen Bereichen scheinen also hohe Transaktions- und Abstimmungsaufwände einherzugehen, die die kalkulierten Vorteile deutlich schmälern oder gar überkompensieren können. Vor diesem Hintergrund soll im Folgenden auf die wichtigsten Risiken näher eingegangen werden, die mit Outsourcing- und Offshoring-Entscheidungen verbunden sind.

31 Vgl. Kinkel/Lay, Fertigungstiefe – Ballast oder Kapital?, 2003, S. 9/10.

4 Schwachstellen betrieblicher Outsourcing- und Offshoring-Entscheidungen

Aus den aufgezeigten Insourcing- und Rückverlagerungstendenzen, wie auch aus Fallstudien bei etwa 40 mittelständischen Unternehmen, wird deutlich, dass insbesondere kostengetriebene Outsourcing- und Offshoring-Entscheidungen nicht immer optimal erfolgen.[32] Neben unternehmensinternen Gründen wie begrenzten Planungskapazitäten sind dafür auch defizitäre Bewertungsmethoden und Vorgehensweisen bei der Planung maßgeblich. Häufig werden insbesondere folgende methodische Fehler begangen:

- **Mangelnde Stimmigkeit von Strategien und Bewertungskriterien**
  Die Kriterien für Outsourcing- und Offshoring-Entscheidungen sind nicht auf die grundlegende Wettbewerbsstrategie zugeschnitten, die das Unternehmen verfolgt. Nur wenige deutsche Produktionsbetriebe sind Kostenführer, dennoch dominieren fast immer Kostengrößen die Vergleichsrechnungen. Hier sind strategiespezifische Checklisten gefordert, die für die wirklich erfolgskritischen Faktoren sensibilisieren.
- **Keine adäquate Berücksichtigung interner Optimierungspotenziale**
  Bei Make-or-Buy- und Standortvergleichen wird zumeist nur die historisch gewachsene, nicht eine optimierte Ist-Leistung der bestehenden Werke und Standorte mit den Zulieferangeboten oder Auslandsalternativen verglichen, in die Verbesserungsmöglichkeiten bereits einkalkuliert sind. Möglichkeiten, die eigenen Betriebe und Standorte zu modernisieren beziehungsweise ihre Leistungen gegebenenfalls wirksam und nachhaltig zu optimieren, werden nicht adäquat in den Alternativenvergleich einbezogen.
  Fallstudien bei zwölf deutschen Automobilzulieferern haben gezeigt, dass erfolgreiche Unternehmen sowohl bei Produktinnovationen als auch bei Prozessinnovationen führend sind.[33] Sie investieren überdurchschnittlich in Forschung und Entwicklung (teilweise deutlich über zehn Prozent ihres Umsatzes), gleichzeitig aber auch regelmäßig und in ähnlichem Umfang in innovative Herstellverfahren und die kontinuierliche Verbesserung ihrer Organisationsprinzipien (»ganzheitliche Produktionssysteme«) an ihren

32 Vgl. Kinkel, Steffen (Hrsg.): Erfolgsfaktor Standortplanung, Berlin, Heidelberg, New York 2004; vgl. auch: Kinkel, Steffen/Zanker, Christoph: Globale Produktionsstrategien in der Automobilzulieferindustrie, Berlin, Heidelberg, New York 2007.

33 Vgl. Kinkel/Zanker, 2007, S. 140 ff.

deutschen Standorten. Hier zeigt sich ein sehr befruchtendes Zusammenspiel zwischen Produkt- und Prozessinnovationen. Viele produktinnovative Firmen initiieren in kurzen Abständen neue Produktionsprozesse für neue Komponenten oder Bauteile, die noch nicht optimal abgestimmt sind und daher noch beträchtliche Effizienzpotenziale enthalten, die durch technische und organisatorische Prozessinnovationen abgeschöpft werden können.

- **Keine strategische Bewertung des Netzwerkbedarfs**
  Insbesondere bei Offshoring-Entscheidungen für die Verlagerung eigener Produktionskapazitäten ins Ausland wird der Faktor »Netzwerk« häufig unterschätzt. Jedes Unternehmen hat einen Bedarf an Netzwerken, in die es an seiner Heimatbasis beziehungsweise den bestehenden Standorten bereits eingebunden ist. Dazu zählen zum Beispiel eingespielte Kooperationen mit Lieferanten und Dienstleistern, eine bekannt gute FuE-Infrastruktur etc. Oft wird man sich deren Bedeutung erst schmerzlich bewusst, wenn sie fehlen. Vergleichbar leistungsstarke Netzwerke müssen am neuen Standort erst wieder aufgebaut werden – mit entsprechend hohen Kosten.[34] Auch hier zeigen die Erkenntnisse aus den Fallstudien bei Automobilzulieferern eindrucksvoll,[35] wie schwierig es ist, verlässliche und qualitativ zufriedenstellende Lieferantenstrukturen im Ausland, insbesondere in Niedriglohnländern, aufzubauen beziehungsweise zu entwickeln. International erfahrene Unternehmen vertrauen daher meist auf ihre etablierten Zuliefererstrukturen und beziehen oftmals noch 80 bis 90 Prozent der Vorleistungen nicht lokal vor Ort, sondern von vertrauten Lieferanten. Das teilweise parallel verfolgte Ziel einer Low-Cost-Sourcing-Strategie lässt sich auf diese Weise verständlicherweise nur schwer realisieren.
- **Statische statt dynamische Standortbewertung**
  Die Dynamik der Entscheidungskriterien wird in den meisten Entscheidungskalkülen nicht angemessen beachtet. Dabei sind Prognosen zur zukünftigen Entwicklung dieser Kriterien mit hohen Unsicherheiten behaftet. Wie genau können sie die Lohn- oder Qualitätsentwicklung eines osteuropäischen Zulieferers für die nächsten fünf Jahre prognostizieren? Es wird zu selten versucht, abzubilden und zu kalkulieren, wie sich die Make-or-Buy-Entscheidung bzw. Standortbewertung darstellt, wenn sich einzelne Faktoren positiver oder negativer als ursprünglich geplant entwickeln.

34 Vgl. Kinkel, 2004, S. 9.
35 Vgl. Kinkel/Zanker, 2007, S. 150.

- **Keine Sensitivitätsanalysen einzelner Entscheidungskriterien**
  Der Stellenwert einzelner Entscheidungskriterien für das Gesamtergebnis der Sourcing- bzw. Standortbewertung wird nicht ausreichend beachtet. Gerade wenn man annimmt, dass sich einzelne Faktoren im Zeitverlauf ändern können, ist es wichtig zu wissen, wie sich diese Veränderungen auf das Bewertungsergebnis auswirken. Gängige Verfahren unterstützen die Visualisierung und das »Spielen« mit solchen Variablen kaum. So zeigt sich beispielsweise in einem Fall, dass der Cashflow am osteuropäischen Auslandsstandort bereits dann nicht mehr besser als der Vergleichswert am deutschen Stammsitz ausfällt, wenn das örtliche Lohnkostenniveau von durchschnittlich 30 Prozent auf 35 Prozent des deutschen Niveaus ansteigt. Die Ursache liegt darin, dass die osteuropäische Produktion in diesem Beispiel mit einem höheren Anteil manueller Tätigkeiten geplant wurde, was auch sinnvoll sein kann, um die lokalen Lohnkostenvorteile auszureizen. Auf der anderen Seite gewinnt der Faktor Lohnkosten dadurch aber eine deutlich stärkere Hebelwirkung auf das Gesamtergebnis. Solche Sensitivitäten werden vorab zu selten ausreichend analysiert.
- **Anlaufzeiten zur Sicherung der Prozessstabilität werden unterschätzt**
  Beim Aufbau ausländischer Standorte werden insbesondere die Anlaufzeiten zur Sicherung der notwendigen Prozesssicherheit, Qualität und Produktivität deutlich unterschätzt. Die Analyse der Standortplanungen von zirka 40 international tätigen, mittelständischen Unternehmen zeigt, dass die Anlaufzeiten im Mittel mehr als doppelt so lang ausfallen wie ursprünglich geplant. Bei Automobilzulieferern reicht beispielsweise die Anlaufdauer von sechs Monaten bis zu fünf Jahren, auch bei mit Outsourcing und Offshoring erfahrenen Unternehmen. In den meisten Fällen beträgt sie mehr als ein Jahr bis etwa 2½ Jahre.[36] Eine mehr als doppelt so lange Anlaufzeit bis zur sicheren Produktion zieht aber nicht nur einen höheren Betreuungsaufwand nach sich (s. nächster Punkt), sondern kann auch die errechnete Amortisationszeit empfindlich verschieben, die für viele Unternehmen das entscheidende Kriterium pro oder contra Outsourcing oder Offshoring ist.[37]

36 Vgl. Kinkel/Zanker, 2007, S. 147.
37 Vgl. Meyer, Tobias: Investitionen in Auslandsstandorte: Bewertung und Auswahl, in: Abele, Eberhard/Kluge, Jürgen/Näher, Ulrich (Hrsg.): Handbuch Globale Produktion, München, Wien 2006, S. 123.

- **Betreuungs- und Koordinationskosten werden unterschätzt und falsch zugewiesen**
  Die Gemeinkosten, die für Betreuung, Koordination und Kontrolle des ausländischen Lieferanten oder Standorts anfallen, werden nur selten richtig zugewiesen. Teures Managementpersonal, das Betreuungs- und Qualitätssicherungsaufgaben übernimmt, wird vielfach dem ausländischen Zulieferer oder Produktionsstandort nicht nur *nicht* in Rechnung gestellt, sondern der deutsche Standort wird mit diesen »Overheads« auch *zusätzlich* belastet. Bei Automobilzulieferern können sich die Betreuungskosten in der Anlaufphase einer ausländischen Produktionsstätte durchaus auf zehn Prozent der Gesamtkosten summieren. Selbst im eingeführten Zustand belaufen sie sich häufig noch auf etwa 2 bis 3,5 Prozent des Standortumsatzes und können damit bis zur Hälfte der Personalkosten vor Ort ausmachen. Dazu können Qualifizierungskosten für die Arbeits- und Führungskräfte am Auslandsstandort in Höhe von weiteren fünf bis zehn Prozent der Gesamtkosten kommen.[38] Die bereits bestehenden Standorte, die diese Overhead-Leistungen erbringen, müssen rechnerisch entlastet werden, um ein Benchmarking der Standorte untereinander zu ermöglichen. Auch für die spätere Vergabe von Aufträgen im internen Standortwettbewerb ist eine realistische Kostenzuordnung äußerst wichtig.

Insgesamt zeigen diese Befunde, dass betriebliche Make-or-Buy- und Standortentscheidungen nicht nur Chancen bieten, sondern auch Risiken bergen, die insbesondere in einer unzureichend fundierten und nur statisch angelegten Ex-ante-Kalkulation begründet sind. Quantitative und qualitative Analysen zeigen, dass diese Risiken vorrangig kosten- und effizienzgetriebene Outsourcing- und Offshoring-Entscheidungen betreffen. Bei strategisch vorangetriebenen, kompetenz-, kunden- oder marktorientierten Initiativen zeigt sich dagegen ein geringeres Risiko zu scheitern.

38 Vgl. Kinkel/Zanker, 2007, S. 147 f.

5 Schlussfolgerungen für eine nachhaltige und langfristig orientierte Entscheidungsfindung auf betrieblicher Ebene

Bei Überlegungen zu zukünftigen Geschäftsmodellen gingen in den 1990er Jahren die meisten Experten davon aus, dass eine strategische Neustrukturierung der Wertschöpfungsketten ansteht. Produktionskonzepte der Zukunft zeichneten sich demnach durch eine flexible Allokation von Leistungsbündeln zwischen kooperierenden Partnern und weniger durch Unternehmen aus, die vielfältige Unternehmensfunktionen unter einem Dach beherbergen.[39] In der betrieblichen Praxis wird seit Beginn der 1990er Jahre das Management-Leitbild der »Konzentration auf Kernkompetenzen«[40] favorisiert. Diese strategische Botschaft wurde aber von vielen Unternehmen fehlinterpretiert. Sie gingen davon aus, dass es insbesondere unter Kosten- und Effizienzgesichtspunkten vorteilhaft sei, die Eigenleistungstiefe durch Outsourcing zu Zulieferern und Dienstleistern zu reduzieren und die Spezialisierungsmöglichkeiten dieser Partner zu nutzen. Untersuchungen haben jedoch gezeigt, dass Strategien, die auf hohe Eigenleistungsanteile in Entwicklung und Fertigung setzen, für viele Unternehmen vorteilhaft sind. Gleichzeitig werden die vielfältigen Risiken[41] bei vorrangig kostenorientierten Outsourcing- und Offshoring-Entscheidungen häufig unterschätzt. So gaben und geben viele Firmen unter Flexibilitäts- und Kompetenzgesichtspunkten – mit dem Ziel, sich von vermeintlichen Randkompetenzen zu trennen – Fertigungs- und Entwicklungsleistungen zu rasch und unreflektiert ab. Sie trennen sich damit aber auch von zukünftigen Chancen und Potenzialen.

Dies ist problematisch angesichts der langfristigen Erwartungen von über 3.000 europäischen Experten, die in einem Technik-Vorausschau-Projekt der EU-

39 Vgl. Womack, James P./Jones, Daniel T./Roos, Daniel: The Machine that changed the World, New York 1990.

40 Prahalad/Hamel, 1990, S. 79–91.

41 In verschiedenen Projekten des Fraunhofer ISI wurden bereits methodische Ansätze entwickelt, um den häufigsten Fehlern bei Outsourcingkalkülen und internationalen Standortentscheidungen entgegenzuwirken. So wurden beispielsweise im vom Bundesministerium für Bildung und Forschung geförderten Verbundvorhaben BESTAND (www.standorte-bewerten.de) neue Ansätze zur Standortbewertung entwickelt und in den beteiligten zehn Industriefirmen erprobt. Die entwickelten Tools setzen an den zentralen Erfolgsfaktoren von Outsourcing- und Standortplanungen an.

Kommission (ManVis – Manufacturing Visions) zur Zukunft der Produktion in Europa befragt wurden. Die Experten erwarten nicht nur eine, sondern zukünftig permanente Restrukturierungen der Wertschöpfungsketten, die nicht nur von Bündeln von Partnern bewältigt, sondern auch als unternehmensinterne Ketten beherrscht, gesteuert und verwaltet werden müssen. Dabei können diese Ketten für die verschiedenen Produkte und Dienstleistungen eines Unternehmens auch deutlich differieren und unterschiedlich »schlank« aussehen. Dies macht die derzeitige Entscheidungspraxis in der deutschen Industrie, auch abgesehen von der hohen Misserfolgsquote, fragwürdig. Denn hier werden durch suboptimale Entscheidungen nicht nur zu hohe, aber gegebenenfalls noch zu verschmerzende Kosten verursacht, sondern auch Kompetenzen gefährdet, die für die zukünftige Innovationsfähigkeit der Unternehmen ausschlaggebend sind. Wenn der Wettbewerb, wie durch die ManVis-Experten erwartet, über die gesamten Wertschöpfungsketten eines Unternehmens und deren Innovationsfähigkeit erfolgt, dann können heute noch als Randkompetenzen betrachtete Fähigkeiten und Fertigkeiten in der Zukunft bitter fehlen oder – wenn überhaupt – nur zu sehr hohen Kosten und zeitintensiv wieder beschafft werden.

Kooperative Geschäftsmodelle – eine Herausforderung für produzierende Unternehmen und deren Dienstleister

von Prof. Dr. Dieter Spath

In Deutschland produzierende Unternehmen agieren zunehmend in Kooperationen. Die Fertigungstiefe wird dabei häufig reduziert und geeignete Partner übernehmen Teile der Produktion oder der unterstützenden Prozesse. Dabei können verschiedene kooperative Geschäftsmodelle entstehen. Ihre Entwicklung und Durchführung stellt die beteiligten Unternehmen vor organisatorische, technische und wirtschaftliche Herausforderungen.

1 Outsourcing und Dienstleistung

Unter Auslagerung – im allgemeinen Sprachgebrauch hat sich hier auch der Begriff des Outsourcings eingebürgert – sollen hier Maßnahmen verstanden werden, durch die Teile der Fertigung oder unterstützende Prozesse von der vollständigen Durchführung mit unternehmenseigenen Ressourcen auf eine teilweise oder vollständige Durchführung mit unternehmensfremden Ressourcen umgestellt werden. Für produzierende Unternehmen gibt es mehrere Treiber, die Auslagerungen sinnvoll erscheinen lassen. Grundsätzlich können Aufgaben ausgelagert und in Kooperationen mit anderen Unternehmen durchgeführt werden, wenn dadurch Vorteile entstehen. Hierzu zählen Kosten-, Zeit-, und Qualitätsvorteile oder die Annäherung an strategische Ziele wie größere Flexibilität und Liquidität.

Welche Fertigungsanteile oder unterstützenden Prozesse outgesourct werden können, ist für jedes Unternehmen individuell zu bestimmen. Die auszulagernden Bereiche müssen jedoch klar von den Kernbereichen des Unternehmens abgegrenzt sein, die Wettbewerbsvorteile bringen und daher geschützt werden müssen. Vor einem Outsourcing müssen also die eigenen Stärken identifiziert werden. Mit der Auslagerung entstehen Kooperationen zwischen dem produzierenden Kunden und seinem Dienstleister.

Diese Partnerschaft stellt die Unternehmen vor die Herausforderung, Kompetenznetzwerke zu bilden und in neuen Beziehungsmustern zu denken und zu handeln. In den Netzwerken müssen ungewohnte Formen der Zusammenarbeit erprobt, neue Funktionen in Wertschöpfungsketten übernommen und Kunden-Lieferanten-Beziehungen gestaltet werden. Gleichzeitig sind interne Ressourcen und Kompetenzen zu bündeln und interdisziplinäres Denken voranzutreiben. Wissen muss neu verknüpft, Geschäftsprozesse müssen enger verbunden werden. Schließlich gibt es neben dem Netzwerk und den internen Ressourcen auch noch die Produkte. Für sie sind Plattformstrategien zu entwickeln und einzusetzen, die an internationale Märkte angepasst und als Kombinationen von Dienstleistungen und Sachgütern gestaltet werden müssen. So können die Differenzierungspotenziale der Serviceleistungen genutzt werden. Die individuell konzipierten und auf die Bedürfnisse der Zielgruppe angepassten Dienstleistungen erzeugen den Erfolgsfaktor Kundenbindung.

Große Unternehmen, zum Beispiel Original Equipment Manufacturer (OEM) in der Automobilindustrie, treiben die Entwicklung des Outsourcings voran. Sie beschränken sich teilweise sogar allein auf die Systemintegration. Kleine und mittlere Unternehmen müssen bei Kooperationen nachziehen. In der Automobilbranche gilt das vor allem für Unternehmen aus dem mittelständisch geprägten Maschinen- und Anlagenbau. Sie nutzen die Dienstleistung bisher nur in unbedeutendem Maß als Wettbewerbsstrategie. Dabei führt eine bewusste Dienstleistungsstrategie zu steigenden Umsatzanteilen im Service.

2 Kooperative Systemdienstleistungen als Geschäftsmodelle

Die Kooperationen, die zwischen dem produzierenden Kunden und seinem Dienstleister durch die Auslagerung entstehen, können sehr unterschiedlich sein. Die verschiedenen Ausprägungen oder Kooperationstypen ergeben sich beispielsweise durch unterschiedliche Aufgabenverteilungen, Kooperationsintensitäten oder unterschiedlich festgelegte Schnittstellen zwischen den Partnern. Das Spektrum der möglichen Ausprägungen wird unter dem Überbegriff »Kooperative Systemdienstleistungen« zusammengefasst. Sie sind für viele produzierende Unternehmen neue Geschäftsmodelle und stellen die Bandbreite möglicher Stufen dar, auf denen sich die individuellen Aufgabenverteilungen, Kooperationsgrade und Schnittstellen zwischen den Kooperationspartnern befinden. So entsteht eine Anzahl von Kooperationsformen, die jeweils durch ihre spezifischen Konfigurationen bestimmt sind.

Unterscheidet man nach den Dienstleistungsanteilen, die sich aus der Aufgabenverteilung und dem Kooperationsgrad ergeben, so reichen die sich ergebenden Typen beispielsweise vom Liefermodell über das Partizipationsmodell bis zum Betreibermodell.

Betrachtet werden Auslagerungen von Fertigungsanteilen oder fertigungsunterstützenden Prozessen, die vielfältig und umfangreich sind und Systemdienstleistungen erforderlich machen. Wann sprechen wir von Systemdienstleistungen beziehungsweise von Systemdienstleistern? Ein Systemdienstleister zeichnet sich durch das Angebot ganzheitlicher Problemlösungen (Leistungstiefe) für vielfältige, umfangreiche Problemstellungen (Leistungsbreite) aus. Zur Differenzierung von Dienstleistern werden Leistungsbreite und Leistungstiefe unterschieden. Die Leistungsbreite beschreibt die Vielfalt der angebotenen Leistungen, die Leistungstiefe den Umfang der Ausführungen. Dabei werden häufig technische Systeme für die Nutzung zur Verfügung gestellt und betrieben.

Allen Typen kooperativer Systemdienstleistungen gemein ist die Optimierung unter Beachtung des gesamten Lebenszyklus einschließlich der Nutzungs- und Rückbau-/ Entsorgungsphase. Die Anlagen werden nicht mehr auf den Verkaufs- bzw. Lieferzeitpunkt hin optimiert. Aspekte der Wieder- und Weiterverwendung werden stärker berücksichtigt. Eine Lebenszyklusbetrachtung ist insbesondere aus wirtschaftlichen und ökologischen Aspekten erforderlich. Die Betrachtung der Investitionskosten muss gegenüber der Betrachtung von Lebenszykluskosten zurücktreten. Diese Notwendigkeit wird durch die kürzer werdenden Lebenszyklen der Produkte bestärkt, durch die die Maschinen und Anlagen länger im Gebrauch sind als die Produkte. Erfahrungen aus vergangenen Kooperationen oder mit den dabei eingesetzten Anlagen fließen in Prozess- und Produktverbesserungen ein. Der Aufbau dieses spezifischen Wissens, insbesondere auch über Nutzungsphasen, führt zu einem wichtigen Vorteil im Wettbewerb, weil dieses Know-how nur schwer zu kopieren und dem reinen Verkauf von Maschinen und Anlagen überlegen ist.

3 Chancen und Risiken kooperativer Systemdienstleistungen

Werden die Kooperationen oder kooperativen Systemdienstleistungen systematisch entwickelt und implementiert, kann das für alle Kooperationspartner eine nachhaltige wirtschaftliche Weiterentwicklung bedeuten. Die Chancen, die sich hierbei bieten, können auf den Gebieten Finanzen und Kosten, Technologie, Organisation und Strategie liegen. Bei Finanzen und Kosten können kooperative Systemdienstleistungen beispielsweise dazu beitragen, die Liquidität zu schonen, den Finanzbedarf zu reduzieren und die Kontrolle der Kostentreiber zu verbessern. Technologisches Wissen des Dienstleisters, das bei anderen Unternehmen oder Wettbewerbern gesammelt wurde, kann in der eigenen Fertigung genutzt werden. In Organisation und Strategie entstehen Chancen durch die Konzentration auf Kernkompetenzen und eine mögliche Komplexitätsreduktion.

Eine Reihe dieser Möglichkeiten sei hier exemplarisch für den Fall des Maschinen- und Anlagenbaus dargestellt:

Für den produzierenden Kunden innerhalb der Kooperation bietet sich die Möglichkeit, sich auf die Kernkompetenzen zu konzentrieren und sich von Wartung und Betrieb der Maschinen und Anlagen zu befreien. Das Management der Maschinen und Anlagen wird Aufgabe des dienstleistenden Maschinenbauunternehmens, das sich dadurch neue Geschäftsfelder mit Wachstumschancen erschließt. Voraussetzung für nachhaltiges Wachstum ist dabei eine langfristige, intensive Kundenbindung über den gesamten Produktlebenszyklus, die erreicht wird, wenn dem Kunden durch die Auslagerung der Aufgaben ein hoher Nutzen entsteht. Der Kundennutzen liegt unter anderem in der Verlagerung von Risiken. Der Anbieter entlastet den Kunden (teilweise) vom finanziellen Risiko, angefangen von den Investitionskosten bis hin zu den Kosten für Personal und Schulungen bei einem Grenzfall der kooperativen Systemdienstleistung, dem Betreibermodell. Er beteiligt sich auch am Marktrisiko des Kunden, der nur noch einen wettbewerbsfähigen Preis je erbrachter Leistungseinheit zahlt, bei zugesicherter Qualität und Verfügbarkeit. In dieser Situation werden für den Anbieter die Betreiber-, System- oder Stückkosten von Bedeutung sein, sodass nicht nur die Anlage, sondern das ganze Geschäftsmodell über seinen Lebenszyklus optimiert wird. Erfahrungen fließen in Verbesserungen der Dienstleistung ein, aber auch in Produktverbesserungen. Für Neukonstruktionen kann auf Erfahrungen mit vergangenen Kooperationen, Maschinen und Anlagen zurückgegriffen werden.

Dieses spezifische Betreiberwissen und die entstehende Betreiberkultur stellen, wie bereits erwähnt, wichtige Vorteile im Wettbewerb dar, weil sie nur schwer zu kopieren sind. Das Maschinenbauunternehmen kann seine Kunden durch hohe Kundenorientierung langfristig binden, sich als Systemanbieter für den gesamten Lebenszyklus etablieren und Modelle der Weiter- und Wiederverwendung berücksichtigen.

Die Chancen, die sich aus solchen neuen Geschäftsmodellen ergeben, sind also vielfältig. Andererseits gibt es eine Reihe von Risiken, die nicht außer Acht gelassen werden dürfen. Das Absatzrisiko sei hier genannt, denn der Dienstleister wird gegebenenfalls am Misserfolg des Produkts beteiligt. Zu finanziellen Risiken kommen unter anderem Haftungsrisiken (z.B. für Qualitätsbeanstandungen), Betriebsrisiken (z.B. durch fehlende Betreibererfahrung oder schlechte Kapazitätsauslastung) und technische Risiken (z.B. veränderte Leistungsanforderungen oder Technologieänderungen).

Viele Risiken können ausgeschlossen werden, wenn die kooperativen Systemdienstleistungen systematisch entwickelt und betrieben und methodisch unterstützt werden. Hier gibt es noch Herausforderungen, die ebenso vielfältig sind, wie die beschriebenen Chancen.

4 Herausforderungen kooperativer Systemdienstleistungen

4.1 Allgemeines

Die steigende Bedeutung technischer Dienstleistungen wurde erkannt. Insbesondere die mittelständischen Unternehmen sind aber bisher nur begrenzt in der Lage, kooperative Systemdienstleistungen in der Produktion anzubieten bzw. durchzuführen. Der seltene Schritt vom Sachguthersteller zum umfassenden Systemdienstleister erfolgt bisher immer aus einer Erweiterung des bereits vorhandenen Spektrums an produktbegleitenden Dienstleistungen. Erst wenn mit Basisdienstleistungen (z.B. Beratung, Schulung, Wartung und Instandhaltung) weitreichende Erfahrungen gesammelt wurden, wird der Übergang zum Systemdienstleister gewagt. Unternehmen, die keine kontinuierliche Entwicklung zu solchen Geschäftsmodellen durchlaufen haben, verfügen über keine Erfahrungen, kein Instrumentarium und beherrschen derartige Leistungen nicht.

Um den Risiken begegnen und die Chancen nutzen zu können, müssen Wissenschaft und Wirtschaft einige Herausforderungen annehmen und Lösungen entwickeln. Die speziellen Herausforderungen der Auslagerung als Prozess des Wandels sind damit nicht gemeint und sollen hier nicht betrachtet werden. Vielmehr geht es um allgemeine organisatorische, technische und wirtschaftliche Herausforderungen, die durch Entwicklung und Durchführung kooperativer Systemdienstleistungen gemeistert werden müssen.

In der Auseinandersetzung mit dem internationalen Wettbewerb wird es immer bedeutsamer werden, Systematiken und Verfahren zur Verfügung zu haben und auf bewährte Modelle und Methoden als Hilfsmittel zurückgreifen zu können. So wird es möglich, auf einer soliden kalkulatorischen Basis neue Geschäftsmodelle zu entwickeln und zu betreiben. Eine solide kalkulatorische Basis setzt wiederum geeignete Informationen und Systemgrundlagen voraus. Die Herausforderungen müssen nicht nur durch die Unternehmen, sondern auch durch die interdisziplinäre Forschung frühzeitig angenommen werden. Organisatorische, technische und wirtschaftliche Grundlagen und Methoden müssen erarbeitet werden, um innovative Geschäftsmodelle für komplexe Produktionen zu entwickeln und sie anzuwenden. Dabei sind technische, organisatorische und

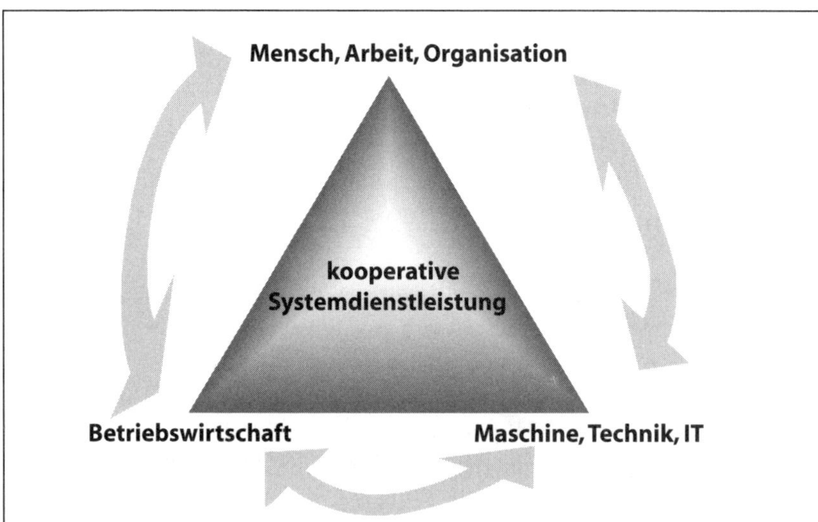

Quelle: Fraunhofer IAO

Abbildung 20: Ganzheitlicher Ansatz für kooperative Systemdienstleistungen

wirtschaftliche Voraussetzungen und Beschleuniger für diese neuen Geschäftsmodelle zu erforschen.

Die Herausforderungen liegen also gleichermaßen in den Bereichen »Mensch, Arbeit, Organisation«, »Maschine, Technik, IT« und »Betriebswirtschaft«, wobei deren Wechselwirkungen zu beachten sind. Die Untersuchung nur einer Stellgröße ist aufgrund der wechselseitigen Abhängigkeiten und gegenseitigen Beeinflussungen nicht ausreichend. Auf dem Weg zur Realisierung der Chancen sind daher grundlegende interdisziplinäre Forschungsarbeiten nötig.

4.2 Mensch, Arbeit, Organisation

Die Besonderheiten der Systemdienstleistungen wirken sich auf die hier arbeitenden Menschen aus. Die Angestellten des Dienstleisters arbeiten möglicherweise im Werk des produzierenden Kunden. Hier sind sie eingebunden in eine fremde Unternehmensstruktur und -kultur. Der Einfluss ihrer eigenen Führung ist geringer. Die Eigenverantwortung ist wichtiger als bei Konstellationen, in denen die Mitarbeiter im eigenen Werk arbeiten. Der Zugriff auf Experten aus anderen Bereichen des eigenen Unternehmens ist schwieriger. Aus diesen Besonderheiten wird erkennbar, dass Fragen nach benötigten Qualifikationen, den Kooperationserfordernissen, notwendigen Arbeitsplatzqualitäten und angemessenen Führungsmodellen zu beantworten sind. In diesem Sinne müssen Ansätze zur Verfügung gestellt werden, die auf den jeweiligen Typ der Systemdienstleistung abgestimmt sind und den Bedarf von Systemdienstleister und Kunde berücksichtigen.

Darüber hinaus sind die Prozesse ganzheitlich zu betrachten, sowohl von der Seite des Kunden als auch von der des Anbieters. Die Arbeitsorganisation in kooperativen Systemdienstleistungen erfordert neue, adaptive Ansätze, die die Ergebnisorientierung der Mitarbeiter stärken. Unternehmerisches Denken und Handeln wird bei dezentral agierenden Einheiten zur Voraussetzung. Hierfür müssen die Planungen ebenfalls dezentral durchgeführt werden. Das gilt auch für Prozessverbesserungen und -innovationen. Diese Anforderungen sind durch Informations- und Kommunikationstechnologien zu unterstützen. Aufgaben, Kompetenzen und Verantwortung müssen den Angestellten in gleichem Maß übertragen werden, um sie zur Bewältigung dieser Aufgaben zu befähigen.

Organisatorische Herausforderungen betreffen unter anderem die Typen verschiedener Systemdienstleistungen. Die Entwicklung und Durchführung dieser neuen Geschäftsmodelle ist eine komplexe Aufgabe. Die Unternehmen müssen angepasste Geschäftsmodelltypen wählen können, die sie gezielt entwickeln und durchführen wollen. Benötigt wird daher ein typologisierendes Grundmodell, ein Stufenmodell, das kooperative Systemdienstleistungen anhand verschiedener Dimensionen unterscheidet. Hierfür sind beispielsweise Leistungsbreite, Leistungstiefe oder betrachtete mechatronische Teilsysteme (Mechanik, Elektronik, Software) denkbar. In dem Modell werden unterschiedliche Kooperationsstufen sowie mögliche Übergänge zwischen den Stufen berücksichtigt. Es unterstützt Unternehmen damit bei der Wahl des geeigneten Konzepts beziehungsweise dem Wechsel zwischen verschiedenen Kooperationsformen. Spezifische Übergangskonzepte ermöglichen den Unternehmen den Quereinstieg auf eine bestimmte Stufe oder den Wechsel zwischen Stufen.

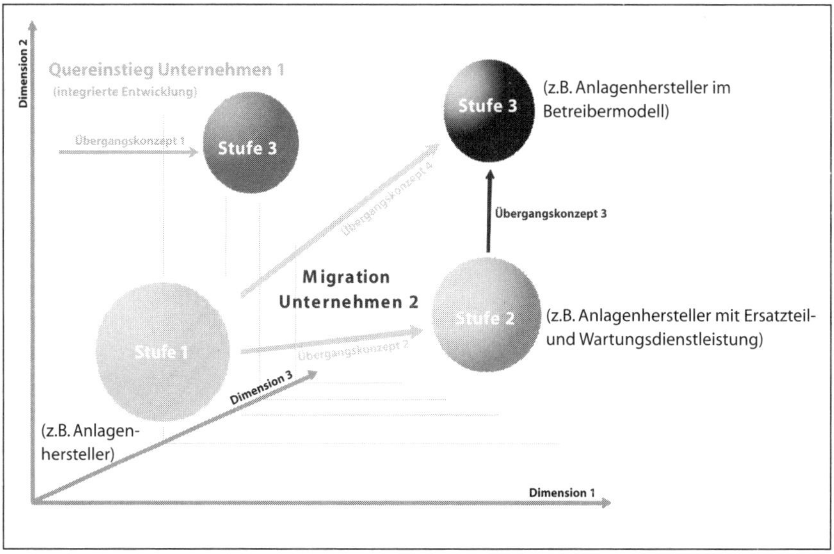

Quelle: Fraunhofer IAO

Abbildung 21: Typologie kooperativer Systemdienstleistungen

Ingenieure und Wirtschaftswissenschaftler müssen diese Herausforderungen gemeinsam annehmen. Durch eine interdisziplinäre Betrachtung kooperativer Systemdienstleistungen wird ein umfassender, neuartiger Entwicklungsprozess mit abgestimmten Methoden und Instrumenten in Gang gesetzt. Im Rahmen der integrierten Entwicklung sind auch die Anforderungen an technische Strukturen (Modularisierung), Informationssysteme und Qualifikationsprozesse zu klären.

4.3 Maschine, Technik, IT

Kooperative Systemdienstleistungen erfordern Maschinen und Maschinenkomponenten, die zusätzliche Funktionen in Monitoring, Überwachung, Prozessanalyse und -bewertung, Selbstüberwachung sowie Komponentenzustandsüberwachung übernehmen. Baugruppen und Komponenten (z.B. Antriebe) müssen also auf technischen Grundlagen basieren, die eine Übernahme dieser Funktionen ermöglichen. Zu den technischen Grundlagen gehören: Die konstruktive Umsetzung instandhaltungsgerechter Baugruppen und Komponenten (z.B. Antriebe), zugehörige Entwicklungsmethodiken und Maschinenfähigkeiten sowie Methoden für Zustandsüberwachung, Instandhaltung und Restwertbestimmung. Mit geeigneten Methoden sind aufwärtskompatible, nachhaltig nutzbare Schnittstellen, funktionsorientierte Baukästen und bus-/intranetfähige Einzelmodule zu entwickeln. Vor dem Einbau dieser Bausteine ist ihre Maschinenfähigkeit zu überprüfen, um ihre Funktionsfähigkeit unter den Bedingungen in der realen Maschine zu gewährleisten.

Für Zustandsüberwachung, Instandhaltung und Restwertbestimmung werden autonome, baugruppenbezogene Überwachungssysteme, unter anderem für das Erkennen notwendiger Instandhaltungsmaßnahmen, an diesen Baugruppen benötigt. Durch das Zusammenführen dieser einzelnen Systeme in Verbindung mit den zu erarbeitenden Produkt-, Prozess-, Diagnose- und Wirtschaftlichkeitsmodellen besteht die Möglichkeit, den Produktions- und Fertigungsprozess ganzheitlich betrachten zu können bzw. in Abhängigkeit von den jeweils zu optimierenden Parametern dienstleistungsgerecht darstellen zu können.

Das Informations- und Wissensmanagement über das Verhalten und den Nutzungsgrad von Maschinen und Anlagen ist eine wesentliche Voraussetzung bei der Kooperation von Systemdienstleister und Kunde. Hier gilt es, sich auf den Lebenslauferfolg des Systems und die damit verbundenen partnerschaftlichen Systemdienstleistungen zu konzentrieren. Um die Kooperationsziele mit verschiedenen Partnern (Systemdienstleister, Kunde, Lieferanten auf beiden Seiten) erreichen zu können, müssen detaillierte ökonomische Wirkmodelle erarbeitet und in Entscheidungsmodelle überführt werden. Diese Modelle müssen die Komplexität der Einflussgrößen abbilden.

Eine einheitliche Integrationsarchitektur ist die informationstechnische Basis für modulare und rekonfigurierbare Maschinen beziehungsweise Anlagen in (vernetzten) kooperativen Systemdienstleistungen. Neben der klassischen Steuerung ist ein paralleles Netz erforderlich, in das die bisher übliche Steuerung integriert ist. Die zum ganzheitlichen Betrieb einer Anlage notwendigen maschinen- und prozessbezogenen Informationen der jeweiligen Informationslieferanten müssen über die zentrale Integrationsarchitektur aggregiert und den Kooperationspartnern entsprechend ihren Berechtigungen in einem einheitlichen Format wieder zur Verfügung gestellt werden.

4.4 Betriebswirtschaft

In einer kooperativen Systemdienstleistung können Maßnahmen oder Ereignisse die Ertragssituation zwischen den Partnern verändern. So kann eine konstruktive Änderung des Produkts, die von Partner 1 verantwortet wird, dazu führen, dass die Fertigung, für die Partner 2 zuständig ist, kostengünstiger wird. Transparenzmodelle tragen dazu bei, die Konfliktpotenziale aufzulösen, die im Zusammenhang mit der Ertragsverteilung während des Betriebs und der Optimierung der Kooperationen entstehen. Sie helfen zum Beispiel die Frage zu beantworten, wie sich eine Veränderung des Produktdesigns bei den Kooperationspartnern auswirkt beziehungsweise wem welche Wirkungen zuzuordnen sind. Darüber hinaus wird ein Modell benötigt, das die kalkulatorische Basis liefert, um die Entwicklung und die Angebotskalkulation zu ermöglichen. Entscheidend ist es hier, dass das Produktionssystem die technischen Voraussetzungen bietet, um die notwendigen Informationen für solche Angebotskalkulationen zu liefern.

Mithilfe eines theoretisch und empirisch fundierten und simulationsbasierten Analyse- und Gestaltungsrahmens können die Anforderungen an die kooperativen Systemdienstleistungen identifiziert, Konfigurationen bewertet und die Vorgehensschritte erarbeitet und kritisch reflektiert werden.

Ein Prozess- und Methodenbaukasten muss die systematische Vermarktung anleiten. Er muss helfen, die kritischen Erfolgsfaktoren abzuleiten. Die Konzeption des Auslagerungsmodells kann in Gestalt eines Kompetenz- und Kooperationsmanagements erfolgen, das eine Innen- sowie eine Außensicht über Aspekte wie Kompetenzstatus und Kooperationsattraktivität, Kompetenzaufbau und Partnerschaftsentwicklung anbietet.

Systemdienstleister müssen einen ganzheitlichen methodischen Ansatz haben, der eine nachhaltige Entwicklung und ein nachhaltiges Durchführen der Systemdienstleistung unterstützt. Dafür müssen Strategien zur Produktoptimierung und Nutzungsverlängerung zur Verfügung stehen, die durch nutzungsorientierte und modulspezifische Konzepte unterstützt werden. Ökologische und ökonomische Nachhaltigkeit müssen zum Bestandteil der Entwicklung und Durchführung von Systemdienstleistungen werden. Dies bedeutet, es müssen Instrumente und Methoden integriert werden, die Umweltauswirkungen und monetäre Aspekte der eingesetzten Technologien erfassen. Ebenso müssen alternative nutzungsverlängernde Strategien und deren Kombinationen abgeschätzt und in Entscheidungsprozesse (z.B. über die Wiederverwendung von Modulen) integriert werden.

5 Zusammenfassung

Trotz einer starken Position des europäischen Maschinen- und Anlagenbaus erfordert der globale Wettbewerb eine stetige Verbesserung des Leistungsangebots. Die Kundenanforderungen steigen im globalen Wettbewerb. Immer flexiblere, komplexere, technisch höher entwickelte und präzisere Maschinen werden benötigt, um mit den produzierten Gütern den internationalen Wettbewerbern überlegen zu sein. Dies führte in den vergangenen Jahren dazu, dass sich das Angebot von ursprünglich reinen Maschinenbauprodukten hin zu komplexen Produktionslösungen entwickelte.

In Deutschland produzierende Unternehmen konzentrieren sich stärker auf ihre Kernkompetenzen. Sie reduzieren die Fertigungstiefe und gehen Kooperationen ein, um ihre Wettbewerbsfähigkeit zu steigern und um kundenspezifische Lösungen effizienter zu realisieren. Dabei wird das reine Produktangebot durch immer umfangreichere Dienstleistungspakete ergänzt.

Die Produktion von Standardprodukten ist im deutschen Maschinen- und Anlagenbau selten geworden, wodurch Anbietern aus Niedriglohnländern der Markteintritt ermöglicht wurde. Die Entscheidung zu diversifizieren beziehungsweise vor- oder nachgelagerte Prozesse zu integrieren, führt häufig zu erhöhtem Aufwand für beispielsweise Eingliederung, Koordination und Management. Eine verschlechterte Wettbewerbsfähigkeit ist die Folge. Die Unternehmen haben inzwischen die Notwendigkeit erkannt, sich auf ihre Kernkompetenzen zu konzentrieren. Um den Kunden dennoch ganzheitliche und individuelle Lösungen anbieten zu können, ist es notwendig, geeignete Partner zu finden, auf die Prozesse außerhalb der eigenen Kernkompetenzen ausgelagert werden können. Bieten die Partner umfangreiche, komplexe Dienstleistungen – Systemdienstleistungen – an, entsteht ein kooperatives Geschäftsmodell. Kooperative Systemdienstleistungen als Überbegriff für solche Geschäftsmodelle haben verschiedene Ausprägungen, die durch Dienstleistungstiefe und -breite, Rollenverteilungen usw. variieren. Das Betreibermodell ist zum Beispiel eine dieser Ausprägungen.

Kooperative Systemdienstleistungen geben unter anderem Antwort auf Lebenszyklusfragen. Produzenten aus dem Maschinen- und Anlagenbau (OEM) suchten bislang vor allem nach dem Zulieferer, der zum Einkaufszeitpunkt am kostengünstigsten war, Gesamtkostenbetrachtungen über den Lebenslauf unter Berücksichtigung von Wieder- oder Weiterverwendungsansätzen wurden nicht vorgenommen. Eine Lebenszyklusbetrachtung ist insbesondere aus wirtschaftlichen und ökologischen Aspekten aber erforderlich und setzt sich zunehmend durch. Diese Notwendigkeit wird durch die Tatsache bestärkt, dass Maschinen und Anlagen durch kürzere Lebenszyklen der Produkte inzwischen häufig länger existieren als ihre Produkte.

Die Entwicklung und Durchführung kooperativer Systemdienstleistungen stellt insbesondere kleine und mittlere Unternehmen vor technische, wirtschaftliche und organisatorische Herausforderungen. Diese müssen von Wirtschaft und Wissenschaft angenommen werden, sodass die sich bietenden Chancen für starke Positionen im internationalen Wettbewerb genutzt werden können.

Literaturverzeichnis

Abele, Eberhard/Kluge, Jürgen/Näher, Ulrich (Hrsg.): Handbuch Globale Produktion. München; Wien 2006.

Armbruster, Heidi u.a.: Managing knowledge in manufacturing industries: results of a Delphi study in European manufacturing industry, International Journal of Foresight and Innovation Policy. Vol. 3, No. 3, 2007, S. 256–276.

Cecchini, Paolo/Catinat, Michel/Jacquemin, Alexis: Europa '92. Cecchini-Bericht. Der Vorteil des Binnenmarkts, Baden-Baden 1988.

Dreher, Carsten u.a.: Manufacturing Visions. Policy Summary and Recommendations, ManVis Report No. 6, Fraunhofer-Institut für System- und Innovationsforschung (ISI), Karlsruhe 2005.

Grömling, Michael/Lichtblau, Karl: Deutschland vor einem neuen Industriezeitalter? IW-Analysen Nr. 20, herausgegeben vom Institut der deutschen Wirtschaft, Köln 2006.

Institut der deutschen Wirtschaft (Hrsg.): Freie Bahn für findige Köpfe: Deutschland im internationalen Innovationswettbewerb, Köln 2005.

IW Consult (Hrsg): Forschung und Innovation: Innovationen hauptsächlich kundengetrieben, IW-Panel-Report, Nr. 2, Köln 2006.

Institut der deutschen Wirtschaft (Hrsg.): Vision Deutschland – Der Wohlstand hat Zukunft, Köln 2005.

Kinkel, Steffen (Hrsg.): Erfolgsfaktor Standortplanung, Berlin, Heidelberg, New York 2004.

Kinkel, Steffen/Lay, Gunter: Fertigungstiefe – Ballast oder Kapital? Stand und Effekte von Out- und Insourcing im Verarbeitenden Gewerbe Deutschlands. Mitteilungen aus der Produktionsinnovationserhebung Nr. 30, Fraunhofer-Institut für System- und Innovationsforschung (ISI), Karlsruhe 2003.

Kinkel, Steffen/Lay, Gunter: Produktionsverlagerungen unter der Lupe. Mitteilungen aus der Produktionsinnovationserhebung Nr. 34, Fraunhofer-Institut für System- und Innovationsforschung (ISI), Karlsruhe 2004.

Kinkel, Steffen/Lay, Gunter/Maloca, Spomenka: Produktionsverlagerungen ins Ausland und Rückverlagerungen. Bericht zum BMF-Forschungsauftrag Nr. 8/04, Fraunhofer-Institut für System- und Innovationsforschung (ISI), Karlsruhe 2004.

Kinkel, Steffen/Zanker, Christoph: Globale Produktionsstrategien in der Automobilzulieferindustrie, Berlin, Heidelberg, New York 2007.

KPMG (Hrsg.): Impulse in der Automobilindustrie, KPMG-Managerumfrage in der Automobilindustrie 2003/2004.

Meyer, Tobias: Investitionen in Auslandsstandorte: Bewertung und Auswahl, in: Abele, Eberhard/Kluge, Jürgen/Näher, Ulrich (Hrsg.): Handbuch Globale Produktion, München, Wien 2006, S. 102–143.

Neligan, Adriana/Schröder, Christoph: Arbeitskosten im Verarbeitenden Gewerbe unter Berücksichtigung des Vorleistungsverbunds, in: IW-Trends, 33. Jg., Heft 1, Köln 2006, S. 61–72.

O.V.: Outsourcing, Artikel in: Wikipedia – die freie Enzyklopädie, http://de.wikipedia.org/wiki/Outsourcing, Stand: 22.11.2006.

O.V.: Informationen zum Projekt Manufacturing Visions (ManVis), http://www.manufacturing-visions.org und http://www.fraunhofer.de/i/projekte/ManVis_d.htm, beide Stand: 24.01.2007.

O.V.: Bundesministerium für Bildung und Forschung, Verbundvorhaben BESTAND, www.standorte-bewerten.de, Stand: 24.01.2007.

Porter, Michael E./Schwab, Klaus/Lopez-Claros, Augusto (Eds.): The Global Competitiveness Report 2006–2007, Houndsmills, Basingstoke, Hampshire; New York 2006.

Prahalad, C.K./Hamel, Gary: The Core Competence of the Corporation, in: Harvard Business Review, May/June 1990.

Schröder, Christoph: Produktivität und Lohnstückkosten im internationalen Vergleich, in: IW-Trends, 33. Jg., Heft 3, Köln 2006, S. 73–86.

Schulten, Thorsten, Europäischer Tarifbericht des WSI – 2005/2006, in: WSI-Mitteilungen Nr. 7/2006, S. 365–373.

Sinn, Hans-Werner, Die Basar-Ökonomie, Berlin 2005.

Steingart, Gabor: Weltkrieg um Wohlstand. Wie Macht und Reichtum neu verteilt werden, 4. Auflage, München 2006.

Tümmler, Thorsten, Dienstleistungsnachfrage durch Unternehmen: Ergebnisse für 2003, in: Statistisches Bundesamt, Wirtschaft und Statistik, Heft 10, 2005, S. 1080–1088.

Willemsen, Heinz J./Hohenstatt, Klaus-Stefan/Schweibert, Ulrike u.a.: Umstrukturierung und Übertragung von Unternehmen, Arbeitsrechtliches Handbuch, 2., überarbeitete Auflage, München 2003.

Womack, James P./Jones, Daniel T./Roos, Daniel: The machine that changed the world, New York 1990.

Die Herausgeber und Autoren

Prof. Dr. Hans-Jörg Bullinger

Quelle: Fraunhofer

Prof. Dr. Hans-Jörg Bullinger, geboren 1944 in Stuttgart, begann seine berufliche Karriere als Betriebsschlosser bei der Daimler Benz AG in Stuttgart-Untertürkheim. Aber schon 1963 führte ihn sein Weg zurück in die Schule. An der Technischen Oberschule in Stuttgart legte er 1966 die Reifeprüfung ab und schrieb sich anschließend zu einem Maschinenbaustudium an der Universität Stuttgart ein. Dort erhielt er 1971 das Diplom und setzte als wissenschaftlicher Assistent am Institut für Industrielle Fertigung und Fabrikbetrieb IFF seine Studien fort. 1974 promovierte er mit Auszeichnung zum Dr.-Ing., 1975 erfolgte seine Ernennung zum Oberingenieur und Leiter der Hauptabteilung Unternehmensplanung am Fraunhofer-Institut für Produktionstechnik und Automatisierung IPA, mit dem die Universität Stuttgart kooperiert. 1978 folgte die Habilitation. Im November 1980 wurde Bullinger als ordentlicher Professor für Arbeitswirtschaft/Ergonomie an die Universität Hagen berufen. Im Jahr 1981 wurde er zum Leiter des neu gegründeten Fraunhofer-Instituts für Arbeitswirtschaft und Organisation IAO in Stuttgart ernannt. Im Jahr darauf nahm er den Ruf an die Universität Stuttgart an, wo er den Lehrstuhl für Arbeitswissenschaft und im Jahr 1991 die Leitung des neu eingerichteten Instituts für Arbeitswissenschaft und Technologiemanagement übernahm. Seit 2002 ist Hans-Jörg Bullinger Präsident der Fraunhofer-Gesellschaft.

Für seine Verdienste um Wissenschaft und Gesellschaft erhielt Bullinger zahlreiche Ehrungen und Auszeichnungen, darunter die Ehrendoktorwürde der Universität Novi Sad in Serbien-Montenegro (1991), die Ehrenprofessur der University of Science and Technology of China (1991), die Ehrendoktorwürde der polytechnischen Universität Temeswar, Rumänien (2004), das Bundesverdienstkreuz am Bande (1998), das Bundesverdienstkreuz erster Klasse (2003) sowie den Verdienstorden der Bundesrepublik Deutschland für die Intensivierung des Wissenstransfers zwischen Wissenschaft und Wirtschaft (2006).

Kontakt: hans-joerg.bullinger@zv.fraunhofer.de

Prof. Dr. Carsten Dreher

Prof. Dr. Carsten Dreher, geboren 1962, studierte an der Universität Karlsruhe (TH) Diplom-Wirtschaftsingenieurwesen und im Zusatzfach Betriebspädagogik. An der gleichen Hochschule promovierte er 1996 zum Dr. rer. pol. der Volkswirtschaftslehre. Nach seinem Diplomabschluss im Jahr 1988 war er zunächst bei der Europäischen Kommission im MONITOR-Programm tätig und nahm anschließend im Jahre 1989 seine wissenschaftliche Tätigkeit am Fraunhofer-Institut für System- und Innovationsforschung (ISI) in Karlsruhe auf. Ab Januar 1996 war er zunächst stellvertretender Leiter, zwischen November 1997 und Dezember 2004 Leiter der Abteilung Innovationen in der Produktion. Dreher übernahm in der Vergangenheit verschiedene Lehraufträge an der Wirtschaftswissenschaftlichen Fakultät der Universität Karlsruhe (TH) und beteiligt sich an der Ausbildung von Wissenschaftlern im Rahmen europäischer Doktorandenprogramme (ETIC). Seit dem 1. Januar 2006 ist er Inhaber der Stiftungsprofessur Innovationsforschung und Innovationsmanagement des Mads Clausen Institut for Product Innovation der Süddänischen Universität (SDU) und der Universität Flensburg.
Kontakt: carsten.dreher@uni-flensburg.de

Franz Geerdes

Franz Geerdes, geboren 1961, wurde zwischen 1977 und 1981 in der Wintershall Erdölraffinerie Salzbergen zum Chemielaboranten ausgebildet. Anschließend arbeitete er in einem Explorationsbetrieb für Erdöl und Erdgas. Nach Ableistung seines Zivildienstes und Weiterbildung zum Chemietechniker trat er im Jahr 1989 erneut in die Wintershall Raffinerie ein. Dort übernahm er zwischen 1990 und 1994 die Verantwortung für die Produktentwicklung aromatischer Weichmacher, ab 1994 das Produktmanagement für chemisch-pharmazeutische Rohstoffe und ab 2000 die Leitung des Labors. Seit August 2001 ist Geerdes technischer Geschäftsführer der H&R ChemPharm GmbH. Franz Geerdes ist verheiratet und hat drei Kinder.

Wolfgang Holzheuer

Die berufliche Karriere von Wofgang Holzheuer, geboren 1961, ist eng mit dem Unternehmen Bosch Rexroth verknüpft. Nach einer Ausbildung zum Dreher legte Holzheuer 1992 seine Prüfung zum Industriemeister Metall ab. Er übernahm zunächst Aufgaben in der Fertigungsplanung und Betriebsmittelkonstruktion, bevor er 1997 zum Gruppenführer Teilefertigung avancierte. Zwischen 1999 und 2001 qualifizierte sich Holzheuer zum Technischen Betriebswirt weiter und übernahm 2001 Verantwortung als Gruppenleiter Montage. Seit 2003 ist er Leiter der Gerätefertigung im Werk Elchingen der Bosch Rexroth AG und zuständig für Lager, Montageplanung, Montage, Prüffeld und Service.
Kontakt: wolfgang.holzheuer@boschrexroth.de

Prof. Dr. Michael Hüther

Prof. Dr. Michael Hüther, geboren 1962 in Düsseldorf, absolvierte von 1982 bis 1987 sein Studium der Wirtschaftswissenschaften an der Justus-Liebig-Universität Gießen. Nach Abschluss des Promotionsverfahrens wurde er 1991 Wissenschaftlicher Mitarbeiter und 1995 Generalsekretär des Sachverständigenrates zur Begutachtung der gesamtwirtschaftlichen Entwicklung. Im Jahr 1999 wechselte er als Chefvolkswirt zur DekaBank und wurde dort 2001 zum Bereichsleiter Volkswirtschaft und Kommunikation ernannt. Seit August 2001 wirkt er als Honorarprofessor an der European Business School

in Oestrich-Winkel. Seit Juli 2004 ist er Direktor und Präsidiumsmitglied des Instituts der deutschen Wirtschaft Köln. Er ist unter anderem Mitglied im Vorstand der Atlantik-Brücke, im Verwaltungsrat der European Business School und im Kuratorium der Friedrich-und-Isabel-Vogel-Stiftung.
Kontakt: Huether@iwkoeln.de

Ulrich Jörihsen

Ulrich Jörihsen, geboren 1961 in Mönchengladbach, ist Leiter Unternehmensentwicklung der Demag Cranes AG. Nach dem Studium des Maschinenbaus an der Ruhr-Universität Bochum war er von 1987 bis 2006 in verschiedenen Funktionen bei der Demag Cranes & Components GmbH und ihrer Vorgängergesellschaften beschäftigt. Von 1987 bis 1992 war er im Bereich Systemtechnik tätig, bevor er in den Bereich Kran- und Handhabungstechnik wechselte. Von 1994 bis 1998 verantwortete er das Qualitätsmanagement und anschließend bis 2003 das weltweite Geschäft des Geschäftssegments Standardkrane. Danach wurde ihm die Verantwortung für die Unternehmensentwicklung der Demag Cranes & Components GmbH übertragen. Seit 2006 leitet er die Konzernunternehmensentwicklung der Demag Cranes AG.
Kontakt: ulrich.joerihsen@demagcranes-ag.com

Achim Kettlack

Achim Kettlack, geboren 1966 in Emmerich, ist als Leiter Strategischer Einkauf für die konzernweiten Einkaufsaktivitäten der Demag Cranes AG verantwortlich.
Nach dem Studium der Betriebswirtschaftslehre an der Fachhochschule Niederrhein war er von 1995 bis 2001 in verschiedenen Einkaufsfunktionen innerhalb der Gruppe Deutsche Babcock in Oberhausen beschäftigt. Von 2000 bis 2001 leitete er den Einkauf der Südwind Energy GmbH. Durch den Börsengang der Windkraftaktivitäten der Deutschen Babcock unter der Firma Nordex AG wechselte er nach Norderstedt und leitete dort von 2002 bis 2004 den Gesamteinkauf der Nordex AG. 2004 übernahm er die Leitung des strategischen Einkaufs der Demag Cranes & Components GmbH, einer Tochtergesellschaft der Demag Cranes AG. Seit 2007 trägt er die Gesamtverantwortung für den Einkauf im Demag Cranes-Konzern.
Kontakt: achim.kettlack@demagcranes-ag.com

Dr. Steffen Kinkel

Dr. Steffen Kinkel, geboren 1968, ist seit 2004 Leiter der Abteilung Industrie- und Serviceinnovationen am Fraunhofer-Institut für System- und Innovationsforschung (ISI) in Karlsruhe. Nach seinem Abschluss als Diplom-Wirtschaftsingenieur an der Universität Karlsruhe (TH) im Jahr 1996 war er zunächst am Fraunhofer ISI als wissenschaftlicher Projektleiter tätig. 2003 promovierte er an der Universität Stuttgart in Betriebswirtschaftslehre zum Thema »Standortbewertung und Standortcontrolling«. Parallel zu seiner Arbeit am ISI übernahm Kinkel 2004 einen Lehrauftrag im Fach Unternehmensführung und -planung an der Fachhochschule Heidelberg. Seine Themenschwerpunkte liegen in den Bereichen Produktionsverlagerung und Standortplanung, ganzheitliches

Innovationsmanagement und innovative Geschäfts- und Organisationsmodelle für Produktion und Service.
Kontakt: steffen.kinkel@isi.fraunhofer.de

Stefan Klebert

Stefan Klebert, geboren 1965 in Stuttgart, absolvierte zunächst eine Ausbildung zum Mechaniker, bevor er 1987 ein Maschinenbaustudium in Esslingen aufnahm. Nach seinem Ingenieurdiplom setzte er seine Studien am Henley Management College in England fort, wo er 1998 zum Master of Business Administration (MBA) graduierte. Sein beruflicher Werdegang begann 1991 bei der Festo AG & Co. in Esslingen. Nach wenigen Jahren übernahm er die Verantwortung als Leiter des internationalen Marketings und später des internationalen Key Account Managements. 1999 trat er in den Schindler-Konzern als Geschäftsführer der Haushahn-Aufzüge ein. Zwei Jahre später avancierte er zum Vorsitzenden der Geschäftsführung der Haushahn-Gruppe und wurde zeitgleich Geschäftsführer der Schindler Deutschland Holding in Berlin. Anfang 2004 wechselte er zum ThyssenKrupp Konzern und übernahm im April desselben Jahres den Vorsitz der Geschäftsführung der ThyssenKrupp Industrieservice Holding GmbH in Köln. Seit Januar 2006 ist Stefan Klebert Mitglied des Vorstands der ThyssenKrupp Services AG, Düsseldorf, und dort verantwortlich für die »Business Unit Industrial Services«, ein Bereich mit weltweit rund 30 industriellen Dienstleistungsunternehmen und ca. 27.000 Mitarbeitern.
Kontakt: info.services@thyssenkrupp.com

Stephanie Lüdtke

Stephanie Lüdtke, geboren 1972, studierte von 1993 bis 1997 an der Rheinischen-Friedrich-Wilhelms-Universität in Bonn Rechtswissenschaften. Seit dem Abschluss ihres Referendariats im Jahr 2000 arbeitet sie für die Rechtsabteilung der ThyssenKrupp Services AG. Dort ist sie unter anderem zuständig für nationale und internationale M&A-Projekte, gesellschaftsrechtliche Umstrukturierungen, Outsourcing und gewerbsmäßige Arbeitnehmerüberlassung.
Kontakt: stephanie.luedtke@thyssenkrupp.com

Dr. Harald Marquardt

Dr. Harald Marquardt, geboren 1961 in Trossingen, studierte nach der Ausbildung zum Bankkaufmann Maschinenbauwesen (Technische Universität München) und Betriebswirtschaftslehre (Ludwig-Maximilians-Universität München) mit dem Abschluss Diplom-Kaufmann. Anschließend war er als Referent im Beteiligungscontrolling der OSRAM GmbH München tätig. Zwischen 1993 und 1996 übernahm Marquardt Verantwortung als Finance Director bei der englischen Tochtergesellschaft der OSRAM GmbH, OSRAM Ltd, London. Seit 1996 ist er Geschäftsführer der Marquardt GmbH in Rietheim-Weilheim. Im Jahr 1997 folgte die Promotion zum Dr. rer. pol. an der Universität Stuttgart. Seit 2004 ist er Sprecher der Geschäftsführung der Marquardt GmbH. Darüber hinaus ist Marquardt seit 2001 Vorsitzender des Dualen Senats der Berufsakademie Villingen-Schwenningen und Mitglied in verschiedenen Aufsichts- und Beiräten insbesondere von Familienunternehmen.

Dr. Stephan Scholtissek

Dr. Stephan Scholtissek, geboren 1959, ist bei der internationalen Unternehmensberatung Accenture Vorsitzender der Ländergruppe Deutschland, Österreich, Schweiz. Die Schwerpunkte seiner Arbeit liegen darin, nachhaltige Wachstumsimpulse für das Deutschlandgeschäft zu setzen und Accentures Position als Business Innovation Partner für Management-, Technologie- und Outsourcingprozesse auszubauen und zu festigen. Scholtissek gehört dem Unternehmen seit 1997 an. Bis zur Übernahme der deutschen Geschäftsführung im Jahr 2003 verantwortete er das Geschäft mit Energieunternehmen und der Schwerindustrie in Deutschland, Österreich und der Schweiz. Unter seiner Verantwortung konnte dieser Bereich maßgeblich gestaltet und deutlich ausgebaut werden. Scholtissek begleitete über zehn Jahre lang marktführende Unternehmen beim Aufbau grundlegend neuer Geschäftsfelder und bei großen Transformationen. Er ist Experte in den Bereichen Geschäftsstrategie und Implementierung, Reengineering, Kostenmanagement und Outsourcing.

Vor seinem Wechsel zu Accenture arbeitete Dr. Scholtissek in der Forschung & Statistik eines Medizintechnologie-Unternehmens. Er hat an der Technischen Universität Hannover in Biochemie promoviert.

Frank Sieren

Frank Sieren, geboren 1967, lebt seit 1994 als Wirtschaftsjournalist in China und ist China-Korrespondent der Wirtschaftswoche. Laut London Times ist Sieren »einer der führenden deutschen Chinaexperten«. Er zählt zu den Wenigen, die über den steilen wirtschaftlichen Aufstieg und die politischen und gesellschaftlichen Veränderungen in China aktuell und aus erster Hand berichten können. Seine 2005 und 2006 erschienenen Bücher »Der China Code – Wie das boomende Reich der Mitte Deutschland verändert« und »Nachbar China – Helmut Schmidt im Gespräch mit Frank Sieren« haben unter anderem den Sprung auf die Bestsellerlisten von Spiegel und manager magazin geschafft.

Prof. Dr. Dieter Spath

Prof. Dr. Dieter Spath, geboren 1952 in Lichtenau, studierte an der Technischen Universität in München Betriebs- und Fertigungstechnik und promovierte 1981 zum Dr. der Ingenieurwissenschaften. Im gleichen Jahr trat er in die KASTO-Firmengruppe ein, wo er 1985 Prokurist für Elektrotechnik, EDV-Organisation und Vertrieb sowie Chairman of Board der amerikanischen Tochterfirma KASTO Racine Inc. wurde. Im November 1988 übernahm Spath die Geschäftsführung der Gruppe.

1992 wurde Spath zum ordentlichen Professor an der Universität Karlsruhe (TH), Institut für Werkzeugmaschinen und Betriebstechnik (wbk), ernannt. Von 1996 bis 1998 war er Dekan der Fakultät Maschinenbau, von 1996 bis 2001 außerdem Mitglied des Senatsausschusses und des Bewilligungsausschusses für Sonderforschungsbereiche bei der DFG. Im Oktober 2002 wurde Dieter Spath Leiter des Fraunhofer-Instituts für Arbeitswirtschaft und Organisation IAO und des Instituts für Arbeitswissenschaft und Technologiemanagement (IAT) der Universität Stuttgart, die beide durch einen Kooperationsvertrag miteinander verbunden sind.

In Anerkennung seiner besonderen Verdienste um die Kooperation der Hochschulen Danzig und Karlsruhe wurde Spath im März 2003 mit der Verdienstmedaille der TU Danzig ausgezeichnet. Im Juli 2007 ernannte die TU München ihn zum Dr.-Ing. ehrenhalber. Gewürdigt wurden vor allem seine außerordentlichen Leistungen in der Forschung und Entwicklung zur Verknüpfung von Technologiekompetenz, Arbeitswissenschaft und Management.

Des Weiteren engagiert er sich bei acatech, dem Konvent für Technikwissenschaften der Union der deutschen Akademien der Wissenschaften e.V. (Vorstandsmitglied), in der Wissenschaftlichen Gesellschaft für Produktionstechnik WGP, dem Berliner Kreis – Wissenschaftliches Forum für Produktentwicklung

e.V., in der Hochschulgruppe Arbeits- und Betriebsorganisation HAB (stellvertretender Vorstand) und in der Internationalen Forschungsgemeinschaft für Mechanische Produktionstechnik CIRP.
Kontakt: Dieter.Spath@iao.fraunhofer.de

Prof. Dr. h.c. Lothar Späth

Prof. Dr. h.c. Lothar Späth, geboren 1937 in Sigmaringen, war im Laufe seiner politischen Karriere unter anderem Bürgermeister der Stadt Bietigheim-Bissingen, Vorsitzender der CDU-Landtagsfraktion sowie Innenminister und Ministerpräsident des Landes Baden-Württemberg. In seiner Funktion als Ministerpräsident war er Präsident des Deutschen Bundesrates und Bevollmächtigter der Bundesrepublik Deutschland für kulturelle Angelegenheiten im Rahmen der deutsch-französischen Zusammenarbeit. Zwischen 1992 und 2003 war er Königlich Norwegischer Generalkonsul für Thüringen und Sachsen-Anhalt.

Als Geschäftsführer, Vorstandsmitglied und Aufsichtsrat trug Lothar Späth zwischen 1970 und 1977 Verantwortung beim DGB-Unternehmen Neue Heimat sowie der Baufirma Baresel AG. Im Juni 1991 übernahm Lothar Späth den Vorsitz der Geschäftsführung der JENOPTIK GmbH und nach der Umfirmierung zur JENOPTIK AG das Amt des Vorstandsvorsitzenden. Zwischen Juni 2003 und Juni 2007 amtierte er als Aufsichtsratsvorsitzender. Daneben ist Späth seit Juli 2003 für die amerikanische Investmentbank Merrill Lynch tätig, seit 2005 als Chairman für Deutschland und Österreich. Von 1996 bis 2002 war er zudem Präsident der Industrie- und Handelskammer Ostthüringen zu Gera.

Lothar Späth ist Ehrendoktor der Universitäten Karlsruhe, Ulm und Pécs (Ungarn), Ehrensenator der Universitäten Ulm und Jena und Honorarprofessor für Medien und Zeitdiagnostik in Jena. Er ist Preisträger des John J. McCloy-Preises des American Council on Germany (2000) und des Karl-Winnacker-Preises des Marburger Universitätsbundes e.V. (2003). Als Schriftsteller hat er sich mit verschiedenen Bestsellern, darunter »Countdown für Deutschland« (1995), »Die zweite Wende« (1998) und »Deutschland zwischen Wunsch und Wirklichkeit« (2005) einen Namen gemacht. Seit 1998 moderiert Lothar Späth politische

Sendungen wie die monatliche Talkshow »Späth am Abend« auf n-tv.
Lothar Späth ist verheiratet und hat einen Sohn und eine Tochter.

Detlef Wetzel

Detlef Wetzel, geboren 1952, ist Leiter des IG Metall-Bezirks Nordrhein-Westfalen. Mitglied der Gewerkschaft ist er bereits seit den 1970er Jahren. Seine berufliche Karriere begann Wetzel mit einer Lehre und anschließenden Tätigkeit als Werkzeugmacher bei der SMS Demag AG in Siegen, wo er sich schon früh als Jugendvertreter, Vertrauensmann und ehrenamtlicher IG-Metall-Bildungsreferent für seine Kollegen stark machte. In Abendkursen erwarb er die Mittlere Reife und das Fachabitur und studierte zwischen 1977 und 1980 mit einem Stipendium der Hans-Böckler-Stiftung Sozialarbeit. Den Schwerpunkt seines Studiums legte er auf die Jugend- und Erwachsenenbildung. 1980 begann er seine hauptamtliche Tätigkeit in der IG Metall Siegen, wo er zunächst als Gewerkschaftssekretär, ab 1987 als 2. Bevollmächtigter und zwischen 1997 und 2004 als Bevollmächtigter aktiv war. Seit 2004 leitet der gebürtige Siegerländer den mitgliederstärksten Bezirk NRW der IG Metall. Mit seiner Modernisierungsoffensive »besser statt billiger« fordert er Unternehmen dazu auf, ihre Standorte zu entwickeln, statt zu verlagern.
Kontakt: detlef.wetzel@igmetall.de

Stichwortverzeichnis